全国高等院校环境艺术设计专业规划教材

商业空间设计（上）

刘蔓　刘可　编著

国家一级出版社
全国百佳图书出版单位

西南师范大学出版社
XINAN SHIFAN DAXUE CHUBANSHE

图书在版编目（CIP）数据

商业空间设计．上／刘蔓 刘可编著．－重庆：西南师范大学
出版社，2009.7（2017.3重印）

全国高等院校环境艺术设计专业规划教材

ISBN 978-7-5621-4532-5

Ⅰ.商… Ⅱ.刘… Ⅲ.商业建筑－室内设计：空间设计－
教材 Ⅳ.TU247

中国版本图书馆CIP数据核字（2009）第103718号

丛书策划：李远毅 王正端

全国高等院校环境艺术设计专业规划教材

主编：郝大鹏　　执行主编：韦爽真

商业空间设计（上） 刘蔓 刘可 编著

责任编辑：王正端 曾 艳

封面设计：田智文 王正端

版式设计：汪 耿

出版发行：西南师范大学出版社

地　　址：重庆市北碚区天生路2号

邮　　编：400715

http://www.xscbs.com.cn

电　　话：(023)68860895

传　　真：(023)68208984

经　　销：新华书店

制　　版：重庆海阔特数码分色彩印有限公司

印　　刷：重庆康豪彩印有限公司

开　　本：889mm×1194mm 1/16

印　　张：8

字　　数：256千字

版　　次：2009年8月 第1版

印　　次：2017年3月 第5次印刷

印　　数：12001～15000册

ISBN 978-7-5621-4532-5

定　　价：45.00元

本书如有印装质量问题，请与我社读者服务部联系更换，读者服务部电话：(023)68252471。
市场营销部电话: (023)68868624 68253705

西南师范大学出版社正端美术工作室欢迎赐稿，出版教材及学术著作等。
正端美术工作室电话：(023)68254657(办) 13709418041 QQ：1175621129

序

郝大鹏

环境艺术设计市场和教育在内地已经喧嚣热闹了多年，时代要求我们教育工作者本着认真负责的态度，进行理性的专业梳理。面对一届届跨入这个行业的学生，给出较为全面系统的答案，本系列教材就是针对环境艺术专业的学生而编著的。

编著这套与课程相对应的系列教材是时代的要求、是发展的机遇，也是对本学科走向更为全面、系统的挑战。

它是时代的要求。随着经济建设全面快速的发展，环境艺术设计在市场实践中一直是设计领域的活跃分子，创造着新的经济增长点，提供着众多的就业机会，广大从业人员、自学者、学生亟待一套集理论分析与实践操作相统一、可读性强、针对性强的教材。

它是发展的机遇。大学教育走向全面的开放，从精英教育向平民教育的转变使得更为广阔的生源进到大学，学生更渴求有一套适合自身发展、深入浅出并且与本专业的课程能一一对应的系列教材。

它也是面向学科的挑战。环境艺术设计的教学与建筑、规划等不同的是，它更具备整体性、时代性和交叉性，需要不断地总结与探索。经过二十多年的积累，学科发展要求走向更为系统、稳定的阶段，这套教材的出版，对这一要求无疑是有积极的推动作用的。

因此，本套系列教材根据教学的实际需要，同时针对教材市场的各种需求，具备以下共性特点：

1．注重体现教学的方法和理念，对学生实际操作能力的培养有明确的指导意义，并且体现一定的教学程序，使之能作为教学备课和评估的重要依据。从培养学生能力的角度分为理论类、方法类、技能类三个部分，细致地讲解环境艺术设计学科各个层面的教学内容。

2．紧扣环境艺术设计专业的教学内容，充分发挥作者在此领域的专长与学识。在写作体例上，一方面清楚细致地讲解每一个知识点、运用范围及传承与衔接；另一方面又展示教学的内容，学生的领受进度。形成严谨、缜密而又深入浅出、生动的文本资料，成为在教材图书市场上与学科发展紧密结合、与教学进度紧密结合的范例，成为覆盖面广、参考价值高的第一手专业工具书与参考书。

3．每一本书都与设置的课程相对应，分工细腻、专业性强，体现了编著者较高的学识与修养。插图精美、说明图例丰富、信息量大，博采众家之长而又高效精干。

最后，我们期待着这套凝结着众多专业教师和专业人士丰富教学经验与专业操守的教材能带给读者专业上的帮助。也感谢西南师范大学出版社的全体同仁为本套图书的顺利出版所付出的辛勤劳动，预祝本套教材取得成功！

2008 年 1 月于重庆虎溪大学城

前言

20世纪80年代以来，我国经历了一段大变革、大发展的时期。经济高速发展，中国在世界的地位越来越高，特别是2008年获得巨大成功的奥运会，更加奠定了中国的世界强国地位。华夏大地从未这样洋溢着勃勃生机，城市面貌日新月异，人们的物质生活富裕起来，在吃饱穿暖的同时，对精神生活的追求热情日益高涨。越来越多的人注重工作以外的闲暇时光，享受着吃住的环境，从中感受着精神愉悦，享受着文化带来的情感满足。

在社会经济发展中，商业在经济发展浪潮的推动和时尚文化的洗礼中，其功能与内涵已发生了深刻的变化，形成了今日丰富多彩、风格各异的整体格局，在现代生活方式和人际关系中占据着举足轻重的地位。

餐饮业和娱乐业在商业市场中占很重要的地位，他们在经济和文化高速发展与变革的今天，需面对同行业的激烈竞争，需面对品位越来越高的顾客的不断评说和来势凶猛的文化浪潮……餐饮和娱乐空间也发生了翻天覆地的变化，文化经营已成为商家们普遍追求的目标，向顾客推销的不再仅仅是食品、饮料和娱乐项目，更是一种独具魅力的商业文化。享受文化品位和艺术氛围、追求消费行为和环境的个性化，已成为一种新的消费流行时尚。

城市餐饮和娱乐空间是人们进行社会礼仪交往和感情交流的重要场合之一，消费者追求和享受不同文化内涵和休闲方式，优秀的文化空间设计能有效地提升餐饮和娱乐空间的美学品位和艺术审美效果，使人们获得一种闲情雅致的体验和文化情趣美，从而提升餐饮和娱乐空间产品的品质。

商业文化空间设计已成为现代环境艺术设计的重要课题和内容，本书从社会发展的全新视觉，从文化的角度阐述了文化空间对人们心理所产生的影响（不同消费群体的文化需求呈现出的文化现象），设计师应如何把各种审美理念和价值取向转化为相应的文化主题，形成独特的文化风格，在传统与现实、时尚与民俗、商业环境与文化之间引起共鸣，营造一个个不同文化主题的环境，创造一个能使现代文明与文化内涵共存的空间氛围。

本书分为两部分：

第一部分是餐饮文化空间设计，分为：第一章 餐饮文化空间设计的基本原理；第二章 餐饮文化空间设计的运作程序；第三章 餐饮文化空间设计的基本原则；第四章 餐饮文化空间设计的创意与表现。

第二部分是娱乐文化空间设计，分为：第一章 娱乐文化空间设计的基本原理；第二章 娱乐文化空间设计的过程和完善阶段；第三章 娱乐文化空间设计的基本原则；第四章 娱乐文化空间设计的创意表现。

本书具有前瞻性、探索性、系统性、实用性的特点，适合于建筑设计、环境艺术设计等相关专业的师生阅读与参考，可作为国内高校环境艺术设计专业教材、培训资料，对从事餐饮文化空间设计的专业人士及自学者均有参考价值。

刘蔓撰写的理论专著《餐饮文化空间设计》于2005年12月获得由重庆市新闻出版局、重庆出版工作者协会颁发的第七届重庆市优秀教材奖。

《餐饮文化空间设计》2007年9月被评为四川美术学院设计艺术学院环境艺术系精品课程。

《餐饮文化空间设计》2008年11月获得2008四川美术学院优秀教材三等奖。

由于我们学识有限，而设计的知识广泛，写书时间仓促，书中谬误和存在不足之处希望得到同行和专家的批评指正。

目录

目录

目录

目录

第一部分 餐饮文化空间设计

第一章 餐饮文化空间设计的基本原理

基础理论是我们从事庞大设计工作的支点，系统地学习餐饮文化空间设计的基本原理，是设计师学习思考和解决问题的好方法，通过学习，不断地修正我们的设计行为和拓展认知设计领域。优秀的设计工作者必须学习和掌握它，才能面对复杂的设计工作。在这一章里我们分为：中外餐饮文化的发展演变、餐饮文化空间的概念与定义、餐饮文化空间的基本类型三个部分。

第一节 中外餐饮文化的发展演变

一、中国餐饮文化的发展

中国餐饮文化的发展，见证了我们华夏社会的文明。透过丰富的餐饮文化演变和发展，我们能看到一个国家、一个民族的发展。在这漫长的演变和发展中，也形成了自己独具风采的餐饮文化。追溯到了原始社会时期，人类就开始利用火来烹饪食物，拉开了餐饮发展的历史。

1. 火点燃了人类文明——原始时期的餐饮文化

根据在我国山西发现的遗址和一些出土文物、神话传说等历史史料可以推断出，早在180万年以前（原始时期）我们的祖先就是依靠集体的力量与自然抗争，共同寻觅食物。用采集、狩猎、捕捞等最古老的原始方式来维持生存。在与自然的斗争中，为了更好地生存，学会了钻木取火，用火来取暖、锻造工具、煮食物……火是人类征服大自然的一个标志。

火使食物由生到熟，这就是烹饪。虽然那时的烹饪很幼稚，很原始，几乎都是直接的烧烤，但火的创造和利用，翻开了人类的文明发展史，

可以无愧地说火点燃了餐饮文明，同时也点燃了人类的文明。

2. 权力与餐饮文化——夏商周时期的餐饮文化

夏商周时期，铜、陶和漆器有了突出的发展。从考古中发现，这些器皿与餐饮有关，说明在商周餐饮有一定的规模和讲究。

据记载，当时统治者懂得就餐时使用"象箸玉杯"，就是如今的象牙筷子，除了筷子还有玉和犀牛角雕琢成的酒杯，他们还身穿"锦衣九重"在"广室高台"饮宴，餐饮文化已成为一种权力的象征，权力与餐饮紧密地结合在一起。

3. 政客与餐饮文化——春秋战国时期的餐饮文化

春秋战国是我国奴隶社会向封建社会过渡的时期，这一时期政治活动频繁，各国交往密切，政治家们热衷于通过交往和说服来称雄天下。这些政客们奔走于各国之间，由于流动的人员需要吃饭和住宿，于是出现了许多驿站为客人们服务，这是餐饮业最早的雏形。这一时期由于诸侯割据，战争频繁，餐饮文化在这种社会大变革中演化，政客给餐饮文化带来了新的形式，使餐饮市场十分活跃。

4. 商贸与餐饮文化——秦汉时期的餐饮文化

秦汉时期是我国封建社会的早期，农业、手工业、商业贸易异常的频繁活跃，尤其是西域商贸的开通，促进了中西文化的交流。各民族之间的交往，使人们思想更加的活跃和开放。当时，社会经济繁荣，人们生活稳定，旅游业也成为当时的时尚，客栈也大量出现。在专制主义中央集权的封建国家里，秦汉时期的商业贸易使餐饮业出现了多样化的局面。

5. 艺术与餐饮文化——唐朝时期的餐饮文化

唐朝属于中国封建社会的中期，一直被称为大唐文明，是中国封建社会的鼎盛时期，也是餐饮文化繁荣的重要时期。政局稳定，经济繁荣，餐饮文化成就斐然，人们极尽聪明才智，让餐饮生活化和艺术化，享受餐饮带来的文化品位。

较为常见的餐饮文化形式就是歌舞伴宴，它把艺术有机地与餐饮结合在一起。艺术提升了餐饮文化的品位，出现了新的就餐形式和文化——"筵席"诞生，就餐的设施也得到了更新。比如："椅子"的出现使人们告别了以前席地而坐的就餐方式，

皇宫的"筵席"更加气派、豪华，皇帝面对左右两厢的大臣们饮宴，还有乐师、歌舞相伴，艺术和文化的交融演绎着餐饮文化更深的文化内涵，几百人同时就餐的场面，显示了餐饮业在经营和管理上都极具规模。

6．休闲与餐饮文化——宋朝时期的餐饮文化

宋朝时期，民间旅游热兴起，人口大量的流动，街头巷尾出现了零担小吃。人们随时都能买到自己所需要的食品，餐饮的方式也更加的大众化，餐饮文化也走进了平民百姓的生活。在当时还出现了一系列有特色的专卖餐饮店，如北食店、南食店、羊肉店等。

人们对吃的热衷由陆地上吃到了游船上，由于餐饮和游山玩水紧密地结合在一起，所以需要一定的时间和空间，就餐的时间由此也延长，那时的菜品就多达 200 多个。有流动就餐形式，美丽的风光和美味的食品，环境与餐饮融为了一体的就餐形式，成为当时一道美丽的风景线。

7．战争与餐饮文化——明清时期的餐饮文化

明清时期是中国封建社会的晚期。鸦片战争以后，中国沦为了半殖民地半封建社会，由于外国列强的入侵，西方餐饮文化也大量流入中国，战争使中西餐饮文化得到融合，使餐饮文化得到了新的发展。出现了成套的全席餐具。以燕窝、鱼翅、烧猪、烤鸭四大名菜领衔，创造了被称为"无上上品"的满汉全席，菜品就多达 180 多道，不仅讲究色、香、味，还讲究就餐的环境，每道菜都是一件精美的工艺品，西餐厅、西餐菜也到处可见。

8．工业与餐饮文化——中华民国时期的餐饮文化

20 世纪以来，由于帝国主义商业的入侵，西方工业大量进入中国，带来了大量的生产技术和产品。在食品加工方面有很大的提高，尤其是工业化的加工工艺的改变，让人们的饮食生活更加丰富，同时也改变了人们的饮食习惯和饮食结构。如大量使用果酱、咖喱、芥末、咖啡、可可、奶油、苏打、香精等。

9．时尚阳光的餐饮文化——中华人民共和国时期的餐饮文化

新中国成立以来，尤其是改革开放以来，由于生产力的快速发展，经济的迅猛增长，人民物质生活和文化生活水平的迅速提高，人们的餐饮观念和饮食行为发生了急剧的变化。 IT 产业的逐步完善和电脑网络的普及，加速了信息的交流，促使了传统的餐饮管理模式的改变。在外就餐频率的增多，旅游产业的发展，促进了餐饮业发展和出现了多元化的现象。

二、国外餐饮文化的发展

国外的餐饮文化发展，也离不开经济发展和文化背景。餐饮文化就像一面镜子，折射出不同历史时期的人类文化、自然环境、社会政治、经济关系，反过来这些因素又促进了社会的发展。

1．自然与神话的古埃及餐饮文化

古埃及的餐饮文化与社会生产、生活和宗教信仰有着密切的关系。尼罗河养育了埃及人民，也创造了灿烂的埃及文化，其中包括餐饮文化和文学艺术、餐具等饮食用品的巨大发展，从出土的西餐用具证实了西餐文化在这一时期有过的辉煌。

2．武力与古罗马餐饮文化

罗马人好战，崇尚武力。古罗马帝国时代，由于具有坚实的物质基础，所以那个时代的建筑规模庞大，气势雄伟，充满英雄主义的特征。繁华昌盛的古罗马，是一个充满传奇故事的地方。"古罗马"，一个历经沧桑的名字，有着辉煌历史的欧洲文明古城，厨师不再是奴隶，他们有一定的社会地位。厨师地位的变化，无疑对餐饮文化的发展有着不可忽略的推动作用，尤其是面点的制作和创新，一直影响到今天，比如意大利的比萨饼和面条。

3．尊贵的中世纪英国餐饮文化

中世纪的餐饮文化以英国为代表，作为"日不落大帝国"，一直保持着自己的传统，每个角落都在诉说过去的辉煌，英国的政治、经济、文化和交通都值得炫耀。她以悠久的历史、斑斓的色彩、华丽的街景，屹立在世界之巅。英国历史上受过许多次别国的入侵，对英国的发展也起到了不同的作用。丹麦的海盗入侵，形成了英国民族航海的性格，使英国人重视航海事业的发展，所以英国人有旅游的爱好；日耳曼对英国的影响是运动和饮酒；诺尔曼人使英国的封建制度更加完善严谨，长期以来英国人有很强的循规蹈矩的生活作风，生活次序井井有条……英国人对国王的忠诚，一直保留着中产阶级和世袭的称号，所以英国人世俗的自尊，带有很强的传统贵族气息。英国在吃的方面不太讲究，常常把各种生菜切成块放在一起拌一下就吃。英国的宴会菜品也不多，一份汤、一份鱼、一份肉是常见的宴会菜品。英国人的讲究在另一个方面，比如用餐的餐具繁多得惊人，不同的餐具有不同的用途，甚至调料用的量匙就有不同的型号，喜欢布置成套的调味品瓶，餐具不仅考究而且精美。英国人也很注意用餐的环境，优美而华丽。英国人很注重吃的礼节，从不狼吞虎咽地进餐，认为这是不礼貌的表现。英国人虽然吃的内容不太讲究，但讲究吃的环境和吃的方式却让举世惊讶，这与英国人绅士风度的

性格和历史环境有不可分割的关系。

4．浪漫的法国餐饮文化

餐饮文化给中世纪的法国带来了很多浪漫，法兰西民族是一个浪漫与充满激情的民族，曾有人这样评价："世界有了法兰西，才有了一份浪漫的色彩。"法国人也为自己的热情浪漫而陶醉和自豪。法国人不仅会享受浪漫，也善于营造浪漫的氛围。法国人餐饮文化的表现尤其讲究就餐环境的情调，不同吃法的法国菜成为不同社会身份的象征。在法国上层社会的人们用餐的餐具十分考究，餐厅必须具有幽雅的环境，从礼仪到吃法无不透露出精美、浪漫和温馨的气氛。法国一位诗人说："一顿晚餐远比一首诗价值更高。"可见法国人对吃的热衷。在餐饮文化中，法国的酒也是法国人浪漫的内容之一。著名的法国葡萄酒闻名世界，所以法国用餐总是离不开酒，饭前有开胃酒，就餐时有葡萄酒，饭后有白兰地……创造了颇有特色的浪漫的酒文化。

5．多元化的近代和现代西方餐饮文化

1920年美国首次开始了汽车窗口饮食服务，产生了流动餐饮文化。现在流动餐饮文化成了航空、水运、火车、汽车上的时尚，遍布全世界。餐饮文化还逐步渗透到各行各业、各类人群，凡是有人的地方都有餐饮文化的出现。它像空气、洪水一样，来势不可阻挡，到处都在办烹饪学校、厨师学习班，举办烹饪竞赛，广播名菜的制作，商场、店铺销售各种调味品、名菜底料……餐饮文化的发展将走向更加多元化。无论是环境、食品还是餐饮形式都必将有一个大的突破。

第二节　餐饮文化空间的概念与定义

在餐饮文化空间的基本概念里，必须弄清文化的定义是什么？餐饮文化的定义是什么？餐饮企业的定义是什么？餐饮空间的定义是什么？餐饮文化空间设计的定义是什么？

一、文化的定义

在我写的《餐饮文化空间设计》里解释了文化的概念，运用了英国人类学家S.E.B.Tylor(1832–1917)提出的"文化是一个复杂的总体，包括知识、艺术、宗教、神话、法律、风俗及其他社会现象"，这个定义包含了物质文化、精神文化的内容，但更偏重于精神领域方面。

周宪先生著的《文化表征与文化研究》里对文化的定义是："文化是一个社会群体的'社会继承'，包括整个物质的人工制品（工具、武器、房屋、工作仪式、政府办公以及再生产的场所、艺术品等），也包括各种精神产品（符号、思想、信仰、审美知觉、价值等各种系统），还包括一个民族在特定生活条件下以及代代相传的不断发展的各种活动中所创造的特殊行为方式（制度、集团、仪式和社会组织方式等）。"周宪先生认为这个定义不仅包含了文化的物质和精神方面，还有人的行为方面。

二、餐饮空间的定义

在英文里，餐厅一词是"restaurant"，早在1765年的法国，一家餐馆的经营家叫布郎杰先生，创新了一道菜叫"Le Rertaurant Divin"，意思是可以恢复元气的一种汤，得到了广大消费者的青睐，赢得了市场，后来人们就把"restaurant"称为餐厅，所以餐厅是可以供人们恢复精神的餐食场所，餐厅又被称为餐饮空间，也是餐饮空间最初的定义。

简单地说，餐饮空间就是餐馆卖场环境，有一个良好而舒适的销售环境，促进消费能力，给商家带来更大的利润。

三、餐饮文化的定义

"餐饮文化"是指事物原料开发的利用、食品的制作和饮食消费过程中的技术、科学、艺术，以及饮食为基础的习俗、传统、思想和哲学，即由人们食生产、食生活的方式、过程、功能等结构组合而成的全部食事的总和。

四、餐饮企业的定义

"餐饮企业是凭借特定的场所和设施，为顾客提供食品、饮料和服务的，以赢利为目的的企业。餐馆则是通过出售服务、菜品、饮料以满足顾客饮食需求及社交需求、心理需求的场所……"　　（摘自张世琪《餐馆卖场设计》）

五、餐饮文化空间设计的定义

餐厅空间设计就是通过设计师对空间进行严密的计划、合理的安排，让商家和消费者有一个产品交换的好平台，同时也给人们带来就餐的方便和精神的享受。理想的餐厅空间设计是通过拓展理念并以一定的物质手段与场所建立起"和谐"的关系——即与自然的和谐、与环境的和谐、与场地的和谐、与人的和谐，通过视觉传达的方法表现这种契合关系。

第三节　餐饮文化空间的基本类型

餐饮文化空间的种类繁多，餐饮企业要面对着不同的消费人群，不同的市场客源，不同的消费阶层，不同的口味的评论……所以很难细分。国内餐饮业的分类主要是为了便于进行

餐厅评估、方便督导而划分为旅游饭店、餐厅、自助餐、快餐和冷饮业及摊贩五大类。

一、旅游饭店类型

旅游饭店分为国际旅游饭店和普通旅游饭店两大类型。

1．国际旅游饭店

主要是接待国际旅游观光、商务办公的客人，在饭店里有为客人准备的餐饮服务内容。按照饭店的建筑设备、饭店规模、服务质量、管理水平，饭店的场地大小、设计格调、健康的饮食观等相关规范和标准来设计餐饮空间。

2．普通旅游饭店

主要是接待境内旅游的客人，能满足客人旅行需要，也包含了客人的餐饮服务项目。（在商业空间设计的教学里专门介绍了该类饭店的要求和规范）

A1-3-1a 传统的中餐形式

二、餐厅类型

本书的餐厅是指外食者正式用餐的场所。主要经营中西式餐食的餐厅、饭馆、食堂等场所。比如各种不同类型的中式餐厅、西式餐厅、日式餐厅、素食餐厅、牛排馆、烤肉店、海鲜餐厅等。

1．中式餐饮业

中国的餐饮文化是中国传统文化的一个重要组成部分。中国的餐饮文化发展历程可谓源远流长，博大精深，关乎宏也关乎微，多年来形成了一个庞大的餐饮体系——中式餐饮业，在世界餐饮文化中可谓独树一帜。谈到中国菜，中国酒总是与之相随。（A1-3-1a）

2．西式餐饮业

西餐文化是我国人民对欧美各地餐饮文化的总称，通常是指法国、意大利、美国、英国、俄罗斯为代表的餐饮文化，它们除了有共同的饮食文化，还有各自的餐饮文化风格。（A1-3-1b、A1-3-1c）

A1-3-1b 雅致的西餐厅

三、自助餐类型

自助餐也是社交的聚会。自助餐的基本特点没有固定的上菜程序，也不太讲究餐食的礼仪。大家可以在丰富的菜品里任意挑选，你想吃什么就吃什么，就餐形式自由，可以站着吃，也可以随意地和大家交流，环境轻松而自由。自助餐有很大的灵活空间，被很多人喜爱和接受，广泛地用于学校、机关、商业用餐等。自助餐还有一些变种的形式，如酒会、茶会、咖啡会。

自助餐分为两种付款方式，一种是客人取餐后付款，另一种是客人买单后随意吃，这是自助和半自助的就餐类型。自助餐已成为全世界流行的一种用餐方式。

A1-3-1c 西餐厅的开放式厨房

四、快餐、冷饮业类型

1. 快餐业

快餐文化餐厅起源于20世纪工业发达的美国。它把餐饮文化与工业化的理念有机地结合在一起。快餐采用了机械化的生产，统一的快餐形象，标准化的管理，快速的服务，实惠而经济。一样的品质是快餐文化明显的特色，并且为它迅速发展连锁店提供可能。快餐文化的诞生，是适应人们快节奏的生活，它提高了人们生活和工作的效率。在高速发展的今天，快餐文化很快得到大家的青睐。

快餐店统一的餐饮文化品牌和形象，也成为快餐文化瞩目的标志，其风格都是简洁、明亮，容易被人们所识别。麦当劳、肯德基、华盛顿快餐比萨等品牌经营是最成功的快餐文化的代表。（A1-3-2、A1-3-3）

A1-3-2 麦当劳快餐厅

A1-3-3 汉堡王 Shinchon 餐厅

2. 饮料店业

今天的餐饮业是食与饮形成的产业，而饮也是餐厅营业中另一个赢利的来源，所以餐厅除了提供食品外，也提供各种饮品来满足顾客的要求。由于人们的饮食消费习惯的改变，饮料不只是餐食过程中的配角，它甚至形成了独立的饮品文化而独立经营，所以就出现许许多多不同饮品的专卖点，同时孕育出了不同的饮品文化，这种文化被人们在饮品店里所享受，并且在休闲文化中占有重要地位。如咖啡店、茶楼、现榨水果店、巧克力店、冷饮店等。

3. 其他饮料业

包括娱乐性质的餐饮业、酒吧文化、啤酒屋等。

五、摊贩类型

摊贩类型主要是小吃类，属于我们中华民族的民俗食品，也体现了中华民族的草根文化。在网络时代，小吃文化的精品意识、品牌意识、时代意识、竞争意识和开拓意识也得到了高速发展，同时推动了小吃经营模式的改变，出现了众多品牌化的小吃店。小吃店迅速发展，影响和扩大了小吃店的精神动力，也让很多人为小吃文化而疯狂。

从小吃文化中，我们可以认识到各种地方文化，还能感受到不同民俗特征的相互交融，并与新鲜名称汇入了具有宽容性的人们的胃口中。小吃店我们也称之为小食店，小食店餐饮文化属于大众化的餐饮文化，它布满大街小巷，每天都关怀着我们的胃，让我们天天依恋着它。我们最常见的从事便餐、面食、点心等餐馆都属于小食店的范畴，小食店还以单项特色的餐饮文化形式出现，如：点心店、饺子店、包子店、豆浆店……

本章小结：

1. 主要概念与提示

文化：是一个复杂的总体，包括知识、艺术、宗教、神话、法律、风俗及其他社会现象。

餐饮文化：是指事物原料开发的利用、食品的制作和饮食消费过程中的技术、科学、艺术，以及饮食为基础的习俗、传统、思想和哲学。

餐饮空间：餐厅是可以供人们恢复精神的餐食场所，餐厅又被称为餐饮空间，也是餐饮空间最初的定义。简单地说就是餐馆卖场环境，有一个良好而舒适的销售环境，促进消费能力，给商家带来更大的利润。

餐厅空间设计：是通过拓展理念并以一定的物质手段与场所建立起"和谐"的关系——即与自然的和谐、与环境的和谐、与场地的和谐、与人的和谐，通过视觉传达的方法表现这种契合关系。

2. 基本思考题

（1）中西方餐饮文化的发展过程是怎样的？

（2）餐饮文化空间的基本类型有哪些？

3. 基本训练题

对中式餐饮文化空间和西式餐饮文化空间的文化特点进行分析和比较，用文字和图片相结合的形式，作出文案。可采用阅读书籍、上网查询等手段完成。

第二章 餐饮文化空间设计的运作程序

正确的餐饮文化空间设计运作程序是保证设计质量的前提，掌握了科学合理的设计方法，才会有一个好的设计方案。当进行一项设计活动时，必须有一个周密的设计计划，并认真负责地按照计划的基本程序来完成。

运作程序要求设计师必须深入了解委托方对项目的要求，把握他们对项目的想法，并积极与委托方进行沟通，从而达成设计理念的一致。设计师还必须对该项目现场实地进行调查，全面深入掌握项目现状，并对其进行研究，从而孕育出切实可行的初设方案，再次与委托方进行沟通。接下来根据他们的意见对初设方案进行深度设计，最后设计方案交委托方进行审定启动项目施工。

第一节 深入了解和把握委托方对项目的要求与想法

业主对自己投资的产业都有一个前期的规划和市场调查，对所投资的项目有很强的目的性，比如项目的内容和特点、服务的对象、技术的指标、运行的目标、可行性报告的分析等，需要我们设计者作详细的数据统计。只有深入了解把握委托方对项目的要求与想法，才能知道应该做什么，应该怎么做？使自己的思路不会偏颇。

深入了解和把握委托方对项目的要求与想法，包括的内容有：设计任务和性质、设计的功能要求、设计规模等。

一、设计任务和性质

明确设计任务和性质，了解设计的目的，把握设计的内容、服务对象、设计目标、技术指标、项目的运行结果、可行性报告的分析、项目的特点，都需要我们作详细的数据统计，只有明确自己所设计的任务，才能知道应该做什么，应该怎么做？使自己的思路不会偏颇。

二、设计的功能要求

在全面掌握该功能的具体要求后，应充分收集功能所需要的素材和资料，制定一个工作内容总体计划。拟定准确详细的设计清单，才能把握工作内容和时间进度的安排，保证设计工作的顺利进行，有效地对各个环节进行管理和监督。

三、设计规模

设计规模的大小直接影响到我们设计的安排，规模大小包括设计的范围、设计的功能要求、经营和管理的详细计划。

第二节 与委托方进行沟通达成设计理念的一致

设计理念主要是指设计的定位。理念定位包括了餐厅主题的新策略、餐厅的发展趋势、餐厅的人文需求、餐厅的服务需求等。设计师需要提出自己的设计理念来与业主进行沟通，沟通的目的是为了设计定位的准确性，避免设计的盲目性。

一、餐厅主题新策略的沟通

餐厅的设计理念是否有创意，是设计成功与否的关键。

一个餐厅的设计是否打动顾客，关键是创新。优秀的设计理念能让餐饮业生命周期得到不断的延续，形成自己的文化品牌，企业的发展是建立在餐饮业的主题、顾客的喜爱、社会可持续发展基础之上的。餐厅主题新策略要站在业主的角度来纵观企业的发展，只有和业主达成主题新策略的共识，才能达到设计理念高度的一致。

二、餐厅发展趋势的沟通

每个企业都希望自己有很好的品牌来保持自己的生命力，使企业能有一个稳定长期的收益。餐厅要具有良好的发展趋势，必然要求企业与社会、顾客之间形成相辅相成的良好利益关系，三者之间必须形成良性循环发展。

餐厅要保持良好发展趋势必须具有：（1）创新型的企业形象；（2）拥有一个良好的市场口碑；（3）新的服务理念和管理；（4）保持新的促销理念。

三、餐厅人文思想的沟通

只有了解人们的需求，才能明白我们应该怎么做？只有明确设计目的，才能明确我们该做什么？只有清楚地知道自己的设计方向，才能准确地表达自己的设计理念。

餐厅的人文环境分析主要包括人们对物质功能、精神内涵的需求，以及地域群体的社会文化背景等方面。餐厅，实际是按人们的行为习惯和需求方式，根据一定的功能关系进行组织，由各种环境设施所构成，以满足人们某种行为功能需求和精神文化需求的建设行为。

四、餐厅服务要求的沟通

人们在场所进行一系列的活动时，服务需求是不可少的。人们到餐厅里享受着服务，感受着幽雅的环境。人们在餐厅不仅购买了美味的食品，同时也购买了周到的服务和宜人的环境。好的服务有宾至如归的感觉，亲切、温馨的服务让整个就餐过程变得愉快而美好。

第三节 对项目设计现场状况实地进行调查研究

场地分析是设计师作设计的依据。设计师只有通过对场地的实地调查，才能掌握场地特征和存在的问题，并实事求是地进行分析。只有了解场地的有利因素和不利因素，才能避免设计上出现与场地不符的问题。

设计师还必须作出现场的分析报告，包括场地与土建图纸的核对，并且要有详细的检尺，如柱子大小、墙体尺寸、层高和大小梁的尺寸等；对现场空间与之相邻的关系要有明确的记录，如哪些隔墙能打掉以便重新规划空间；对现有的设施设备有清楚的了解，如消防栓的位置、配电箱的位置、喷淋系统的设置、给排水的情况等；对建筑结构要进行分析；对场地的环境及采光要作实地检测，另外对周边的地理环境要有充分的认识和了解。

一、现场的尺度调查研究

了解该餐厅所处的地理位置、面积大小、用地的形状、楼层面积、供电情况、原给排水和强弱电的设置、原建筑所提供的消防情况等，进行全面的调查，并通过详细的测量来获得准确的数据，记录下来作为我们作业的范围和边界的界定。

场地尺寸大小决定着经营的规模和空间的利用，不同的规模决定设计的导向。如果场所不大，我们在设计时就应考虑空间最大限度地满足销售场所的需求，同时尽量使空间小巧温馨而舒适些，使客人有亲切感。如果场所相对大些，在设计上就应该体现大气。在宏观设计理念上，不管是体现人气、还是体现场所的气魄都应展现景观的人文精神。

二、环境气候调查研究

了解餐厅环境气候的差异性，对于地域文化和人们的生活有很大的影响，热带和亚热带属于高温气候，人们希望有较好的通风环境，所以餐厅设计就应注意布局的开敞，夏季主导风向的廊道应有开阔的空间。而寒冷地方的城市环境，则应采取集中的结构和布局，空间格局应封闭些，更多地注意防寒设施的建立。

三、周边环境调查研究

餐厅的周边环境的地形、地貌和植被等自然条件，常常是景观设计师要考虑的问题，也常常是倾心利用的自然素材，许许多多优美的景观，大都与其所在的地域特点紧密结合，通过精心的设计和利用，形成景观的艺术特色和个性。

四、市场调查研究

市场是企业发展和生存的平台，市场承认与否决定一个企业的成败，企业形象设计的成败也是以市场为依据，所以设计师只有对市场进行深入了解和判断，对市场的发展作出准确的预测，才能提出经得住市场考验的设计主题和独特的设计理念。市场调查包括两个方面，一方面要了解同行业，另一方面要了解市场需求。

第四节 孕育初设方案并与委托方进行沟通

设计师在整个设计过程中都必须和委托方多次沟通，沟通的目的是为了设计创意能被委托方接受和满意，为了通过一个好的设计促进餐厅的经营。

一、设计的功能沟通

在全面掌握业主对该项目功能的具体要求后，应充分收集市场和顾客对功能的需求信息，制定出切合需求的并具有前瞻性的详细功能分类。功能分类的正确是企业经营成功的最基本保证，也是整个设计成功的前提，为顺利接下该项设计打下基础。

二、设计项目规模沟通

项目规模的大小直接影响到我们设计的安排，规模大小包括设计的范围、设计的功能要求、经营和管理的详细计划。

三、现场的资料及检尺沟通

对现场资料进行研究，了解设计的内容及范围；检尺就是核对图纸和现场是否有差异，对现场实际的考察可以增加对空间实际的感受，了解现场的基础设施、配套设备作详细的记录和了解，充分把握设计的全部资料，以便作好详细的计划安排。

四、设计的规范沟通

设计规范是更准确地成就一个餐饮环境的品质，所以我们必须清楚地了解，它关系到用什么样的风格、什么样的材料、什么样的造型……

第五节 根据委托方意见对初设方案进行深度设计

一、餐厅设计方案阶段的准备阶段

餐厅设计方案阶段是把准备阶段中收集起来的相关资料进行整理和进一步分析。为了准确地确立设计构思，从容地进入到方案的设计阶段，再对方案进行比较归类。我们的工作需要包括以下几个方面。

1．仔细阅读业主的项目计划任务

对于业主的项目计划任务认真阅读和深入研究，确定一个设计文案，通过与业主的交流和沟通，达成设计目标的共识，包括市场定位、经营定位、设计理念的定位等，综合大家的意见形成文字文件。

2．提出设计计划任务书

要有一个严谨的设计计划时间表，把握好设计的进度，才能确保设计的顺利完成。

3．必须了解业主对该项目的资金投入情况

只有掌握了资金投入情况，我们才能合理地分配，把钱用到看得见的地方，使资金最大限度地用在刀刃上，这是决定设计成败的重要因素之一。

二、餐厅方案设计阶段必须提供的设计文件

通过对前期和业主方达成一致的设计构思，设计师要确定通过怎样的设计语言和设计手段完成设计。并对空间的处理作出深入细致的分析，以便深化设计构思。

餐饮文化空间设计的方案深化阶段包括：确定初步设计方案，提供设计文件，室内初步方案的文件通常包括平面图、立面图、室内墙面展开图、顶棚平面图、建筑装饰效果图等，同时还要对建筑装饰作出预算。

1．平面图

在平面图上，可以明确地表达我们对空间的分隔、计划和容纳的人数、人流线路等情况，并进行合理的安排。绘成的平面图必须尺寸准确，其中应该有墙和柱的定位、通道等尺寸。

常用比例1∶50，1∶100，1∶150，1∶200等。

平面图（图A2-1~图A2-5）

2．立面图

详细的立面图要明确表达设计师的构思意图，协调各个立面的关系，要有详细的标注尺寸和材料。

常用比例1∶20，1∶30，1∶40，1∶50；1∶100等。

平面图（图A2-6~图A2-9）

3．顶棚平面图

顶棚平面图是表现顶平面的造型图，上面需要表明顶棚的造型、层高、灯具等，要详细地标注尺寸和材料。

常用比例1∶50，1∶100，1∶150，1∶200等。

平面图（图A2-10）

4．室内预想图

室内预想图也叫效果图，它以三维空间的形式，清楚地表达设计师的设计意图，把设计预想清晰地呈现在大家的面前，这是一个直观的设计表现手段，包括手绘预想图、电脑绘制的预想图等。（本书第四章将详细讲解）

5．施工图

施工图设计阶段需要细化施工详图、设备管线图和编制施工说明等。施工图是工程施工阶段和工程验收的依据。

对于施工图的要求，中华人民共和国建设部对建筑工程施工图设计文件审查，在2000年2月17日有一个明确的规定和要求，对施工图的管理和实施有详细的规定。其中第七条规定，施工图审查的主要内容：（1）建筑物的稳定性、安全性审查，包括地基基础和主体结构体系是否安全、可靠；（2）是否符合消防、节能、环保、抗震、卫生、人防等有关强制性标准、规范；（3）施工图是否达到规定的深度要求；（4）是否损害公众利益……

施工设计大样图：初步设计方案经审定后，方可进行施工图设计。根据我们设计所用的材料、加工技术、使用功能有一个详细的大样图说明，以便形成具体的技术要求。设计大样图应明确地表现出技术上的施工要求和怎样完成这个工程的详细的图纸。

平面图（图A2-11~图A2-20）

声环境施工图：除了及时的播报信息外，还可以根据不同的环境模拟大自然的声音，给人带来身临其境的感觉，另外还有背景音乐都能给客人带来不同的感受。

消防系统施工图：消防系统（包括报警系统）主要是给客人带来安全，在发生意外的情况下能够得到最大程度的安全保障，消防系统的技术要求非常严格，国家有明文的消防规范，请参看相关的书籍。

平面图（图A2-21）

给排水施工图：说明给水和排水的管线位置、走向和管道的大小、材料及施工说明图。给水主要是指厨房和卫生间等的用水、消防用水、绿化用水、水景用水等。排水包括厨房和卫生间等的污水排除。

平面图（图A2-22~图A2-26）

照明施工图：主要说明照明系统的位置、规格、用电情况的说明和管线施工说明图。

平面图（图A2-27~图A2-32）

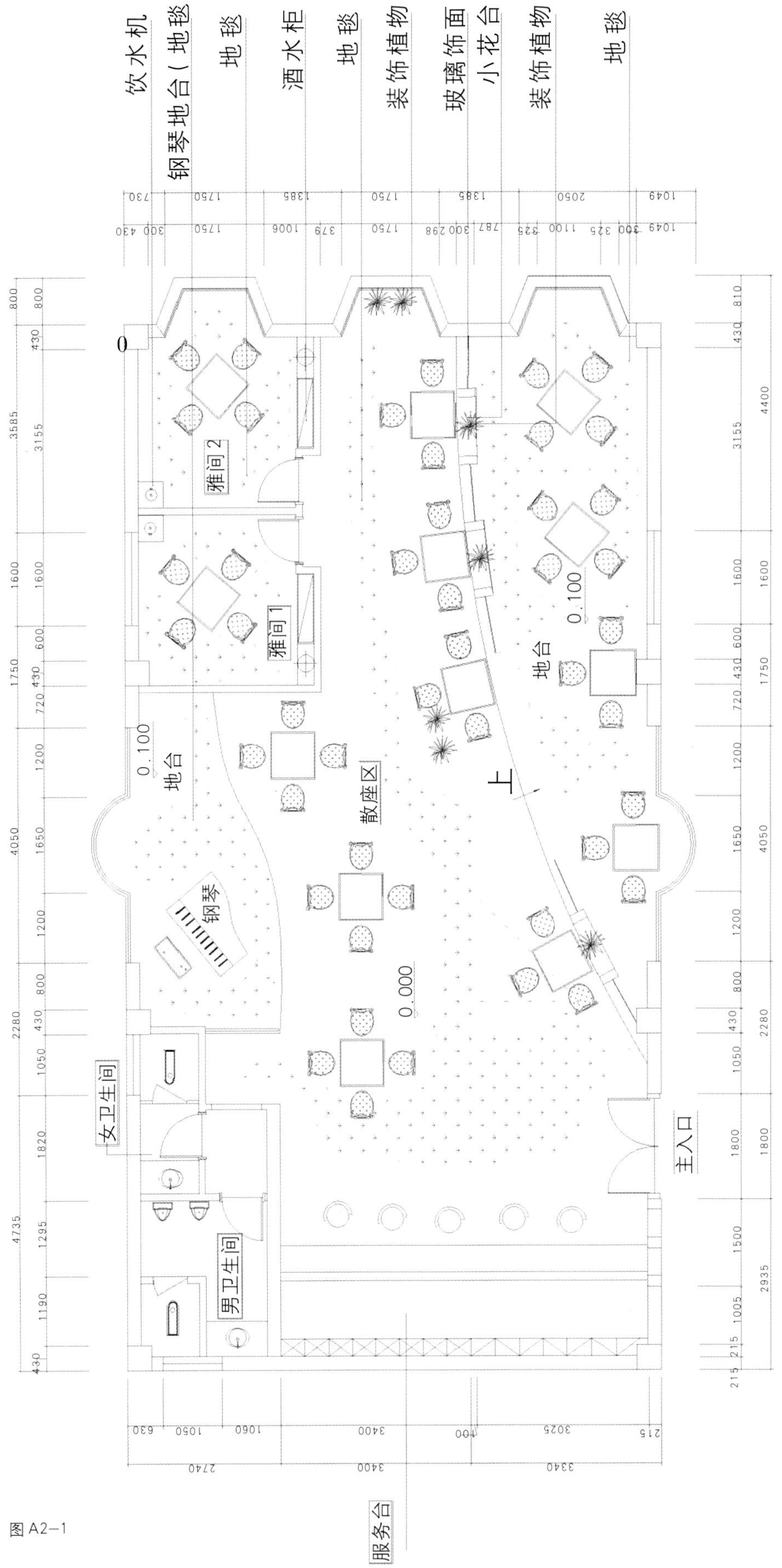

饮水机

钢琴地台（地毯）

地毯

酒水柜

地毯

装饰植物

玻璃饰面

小花台

装饰植物

地毯

雅间2

雅间1

地台
0.100

散座区

钢琴

地台
0.100

上

0.000

女卫生间

男卫生间

主入口

服务台

世界会所西餐厅平面图

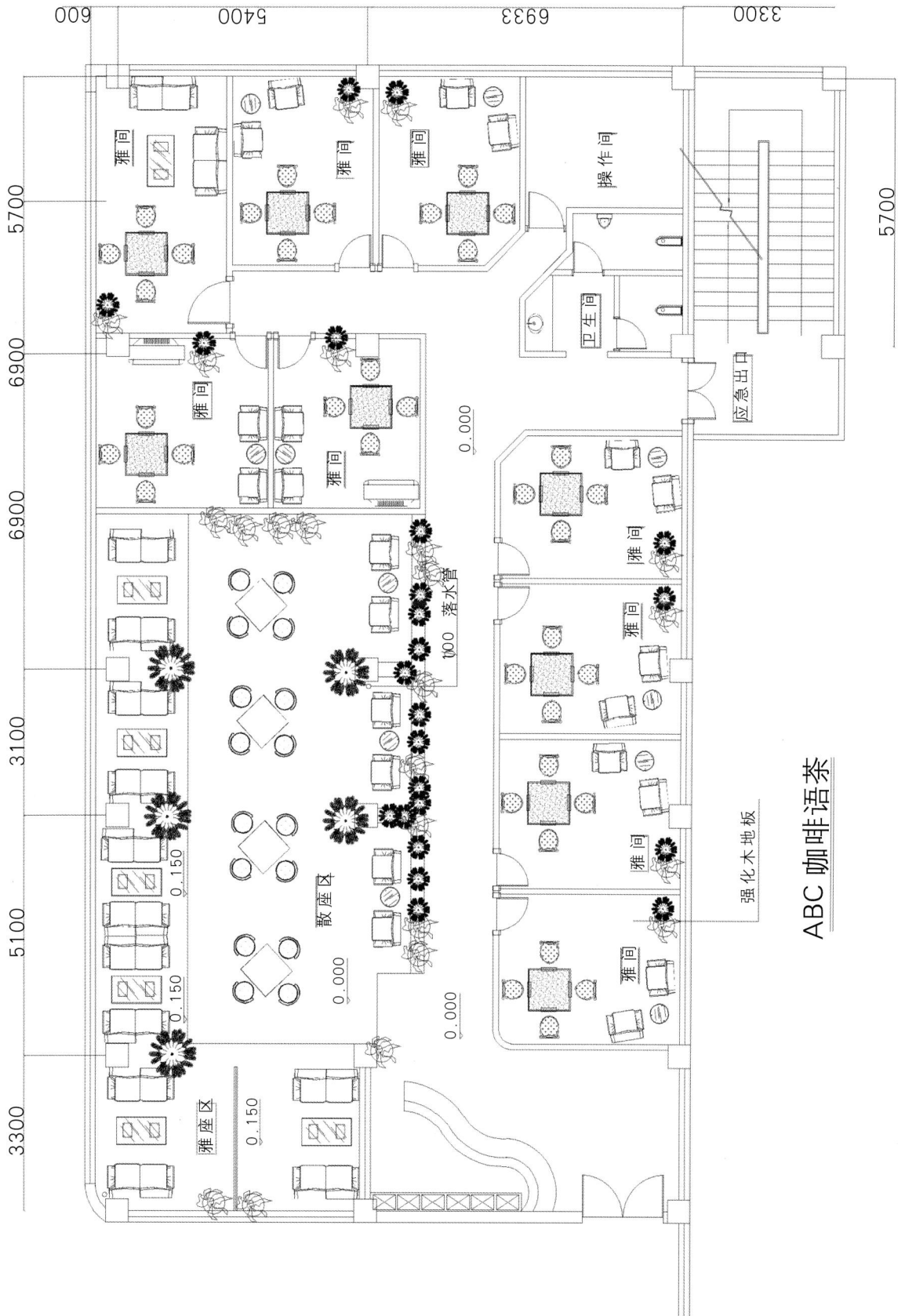

ABC 咖啡语茶

600
5400
6933
3300

5700

5700

6900

6900

3100

5100

3300

雅间
雅间
雅间
操作间
卫生间
应急出口

雅间
雅间

散座区

0.000

0.150

0.150

0.150

雅座区

0.150

0.000

0.000

0.000

落水管

强化木地板

雅间
雅间
雅间
雅间

100

图 A2-2

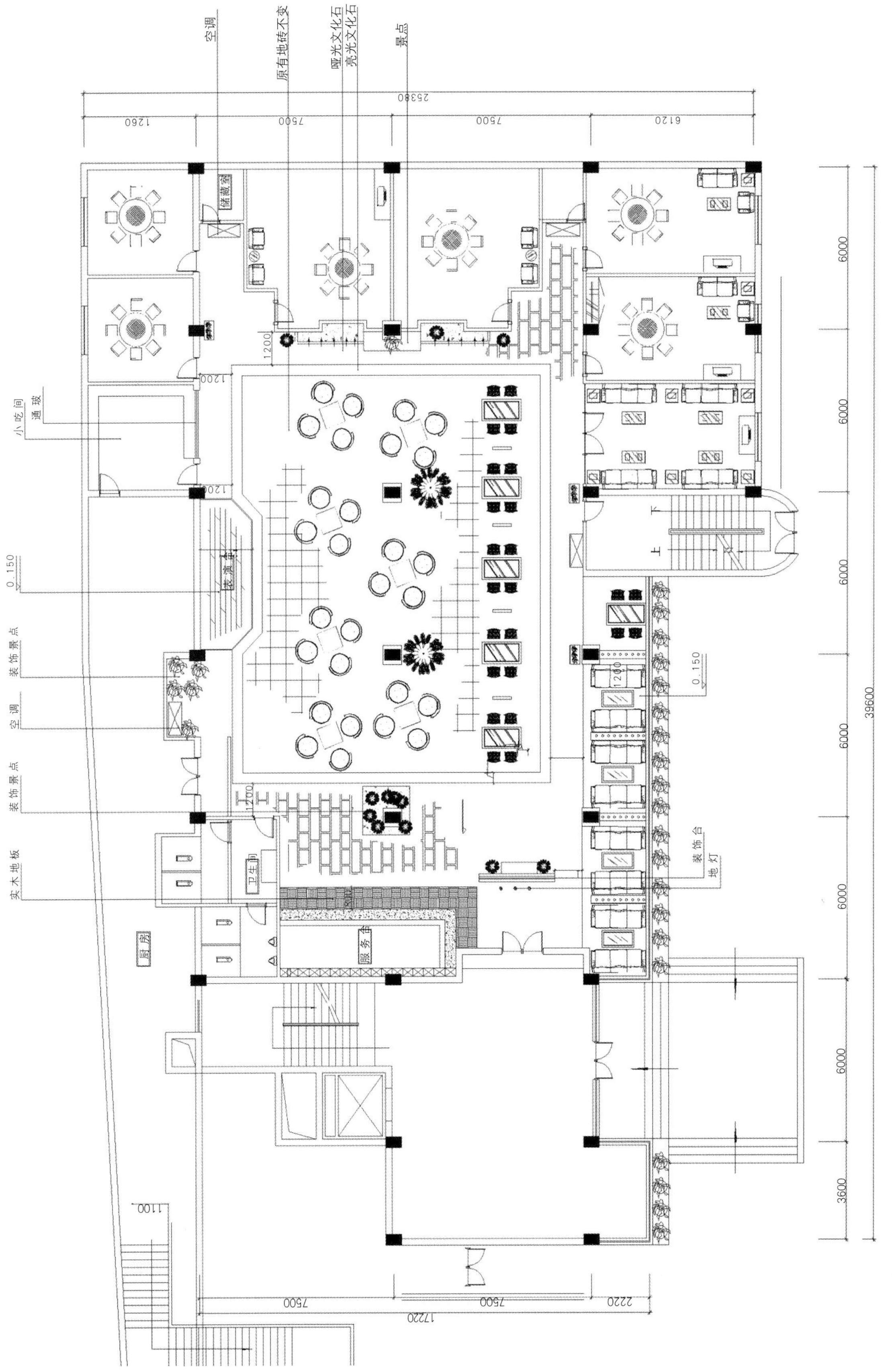

图 A2-3

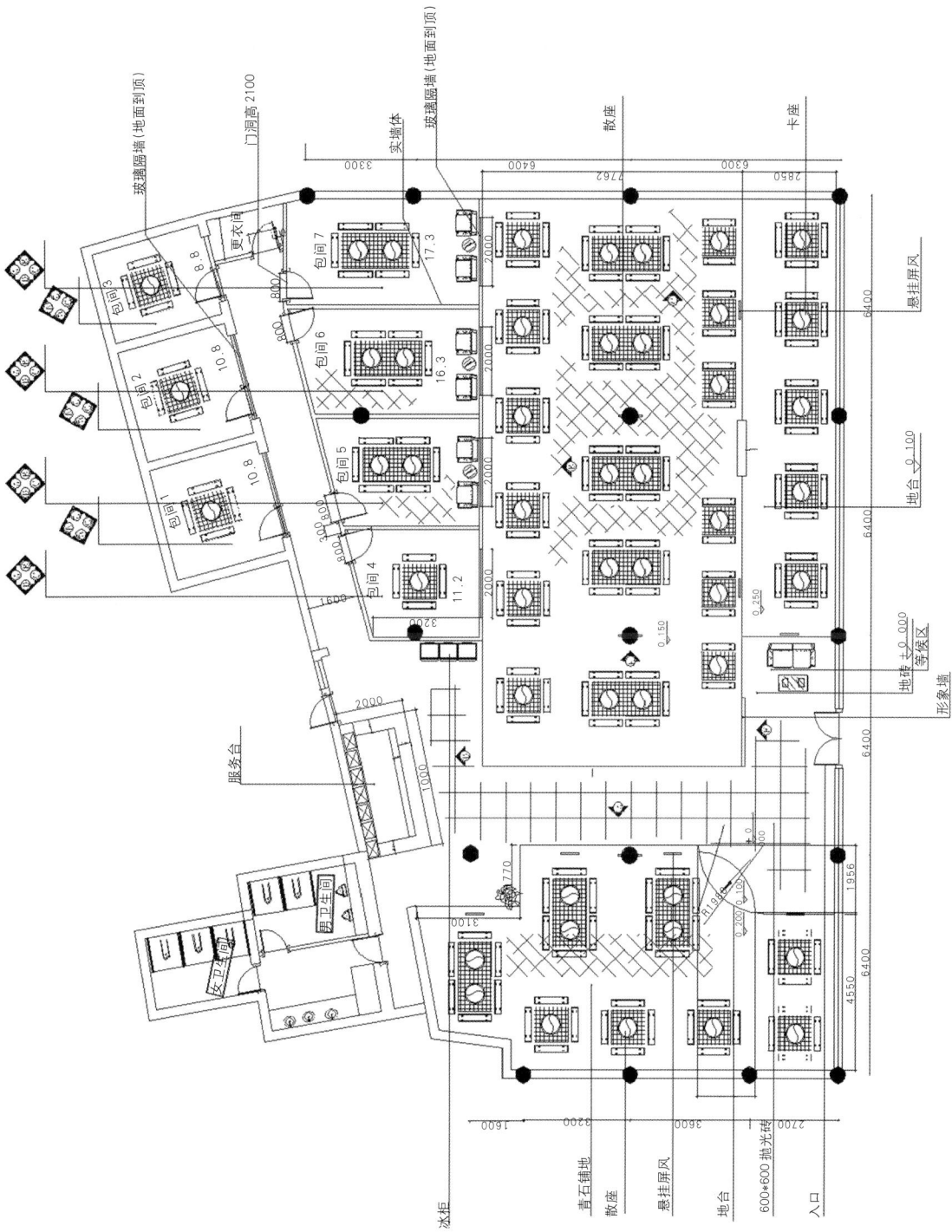

东颖龙火锅城平面布置图　1:120

玻璃隔墙（地面到顶）

门洞高2100

实墙体

玻璃隔墙（地面到顶）

散座

卡座

更衣间

包间3　8.8

包间2　10.8

包间1

包间4　11.2

包间5

包间6　16.3

包间7　17.3

悬挂屏风

地台　⌀-0.100

地砖　⌀-0.000　等候墙

形象墙

3300

6400

7762

6300

2850

2000

2000

2000

2000

3200

800

800

800

1800

6400

6400

6400

0.150

0.250

0.000

服务台

2000

1000

冰柜

男卫生间

女卫生间

青石铺地

散座

悬挂屏风

地台

600*600抛光砖

入口

1600

3200

3600

2700

3100

1956

1770

4550

6400

0.200/-0.100

图 A2-4

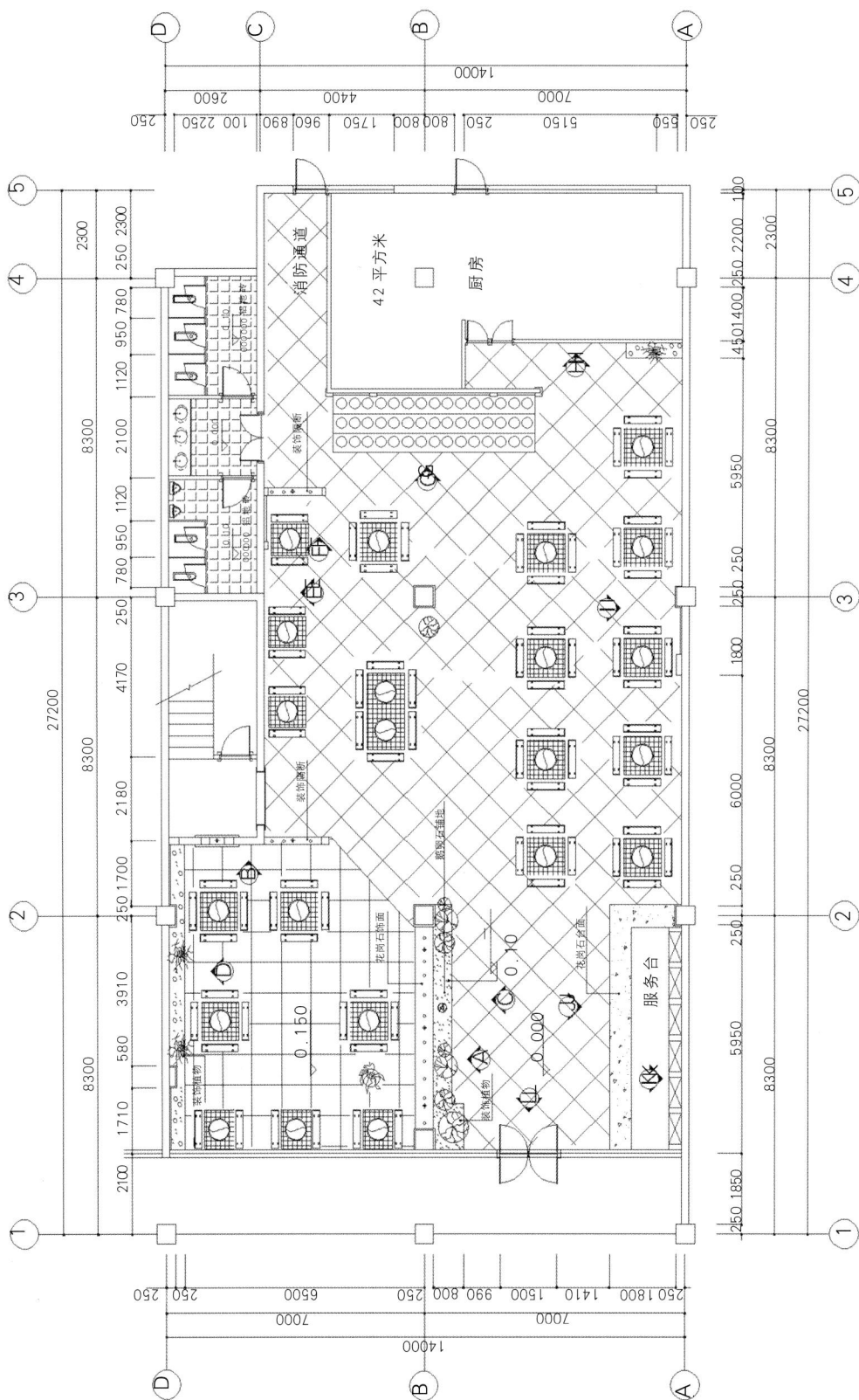

老鸭汤一层平面图 1:100

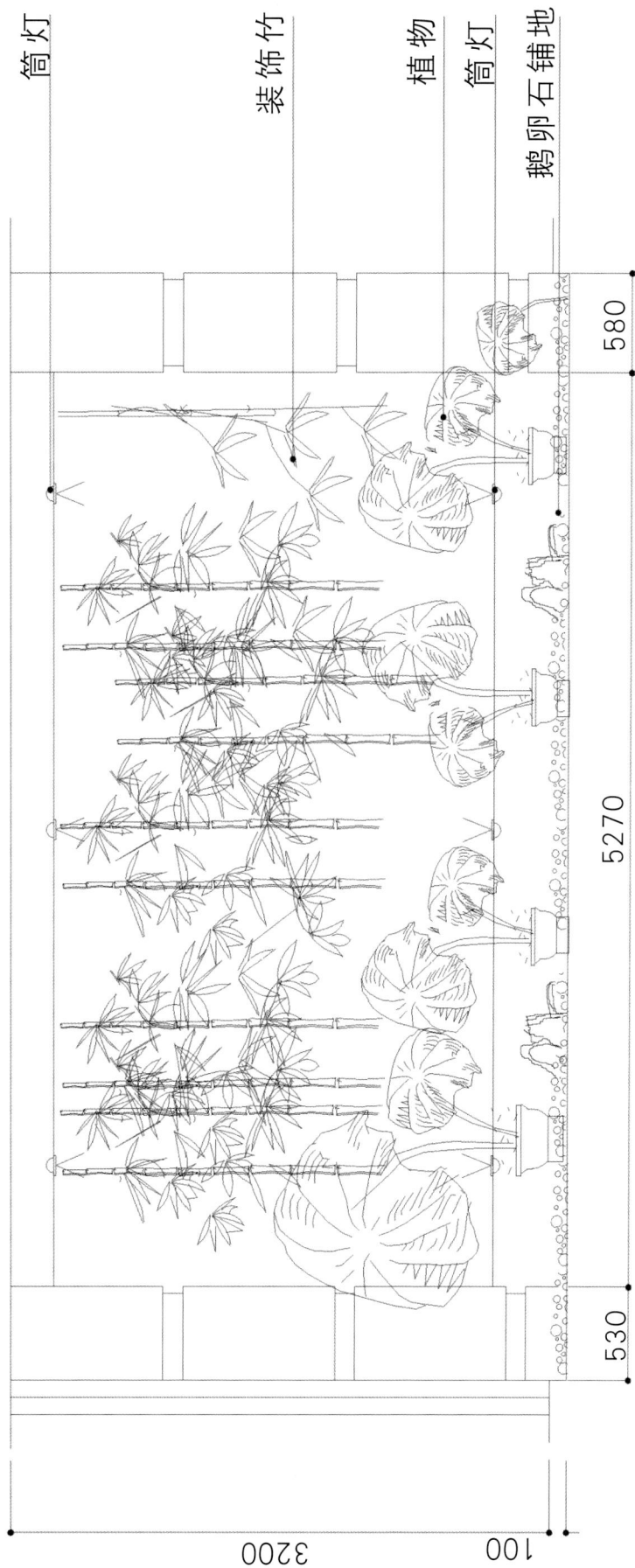

筒灯

装饰竹

植物

筒灯

鹅卵石铺地

C 立面图 1：50

580

5270

530

3200

100

图A2—7

木工板面饰乳胶漆
白色乳胶漆

木做饰深色漆

木做饰深色漆
白色乳胶漆

木做饰白色乳胶漆

铜装饰扣

哑光不锈钢板
白色灯片内藏白色光源

米黄色文化石

木做饰深色漆

水晶射灯

红色乳胶漆

青石板地台

木做踢脚饰深色漆

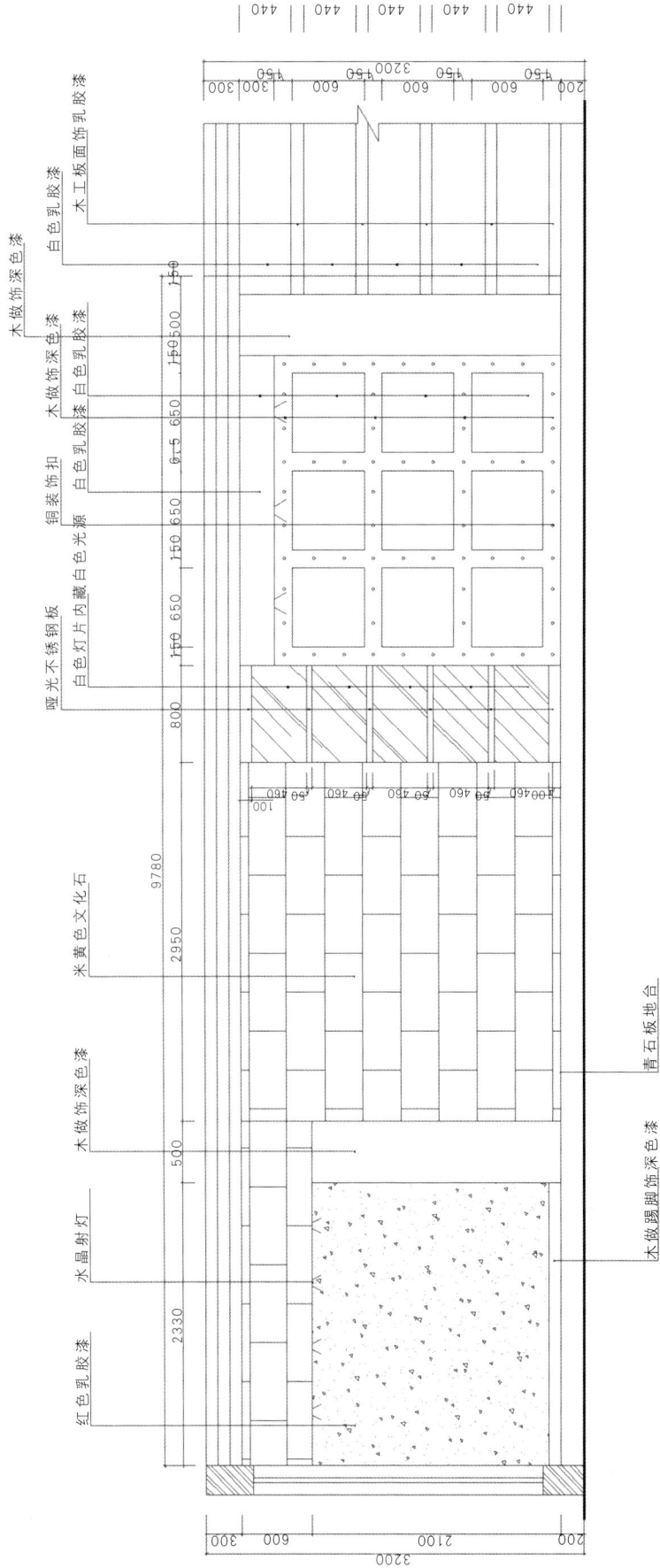

东颖龙火锅城大厅立面图 1:40

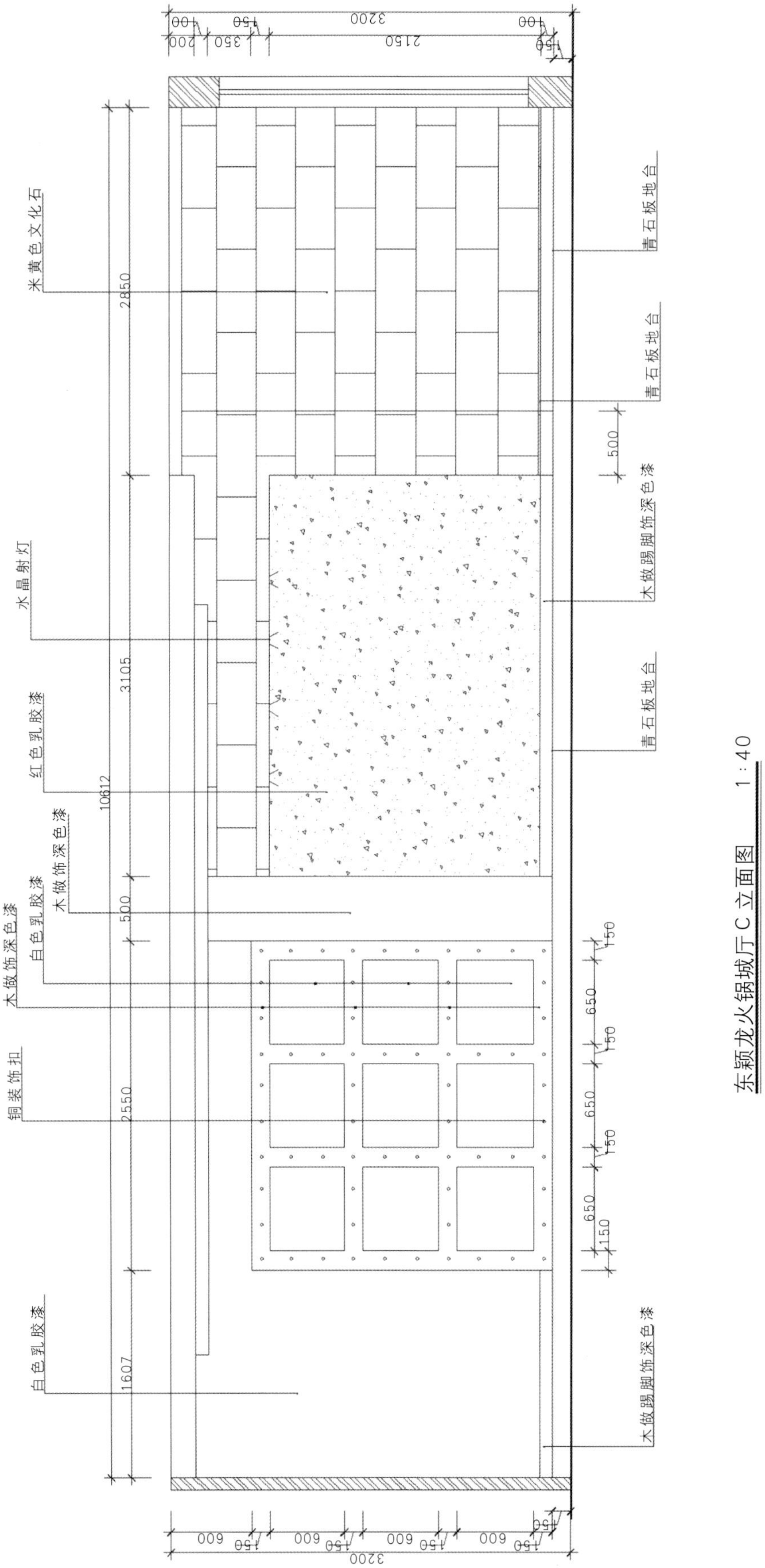

东颖龙火锅城厅C立面图 1∶40
米黄色文化石
水晶射灯
红色乳胶漆
木做饰深色漆
白色乳胶漆
木做饰深色漆
铜装饰扣
白色乳胶漆
青石板地台
青石板地台
木做踢脚饰深色漆
青石板地台
木做踢脚饰深色漆
10612
2850
3105
500
2550
1607
3200
2150
500
650
150
600

图 A2-8

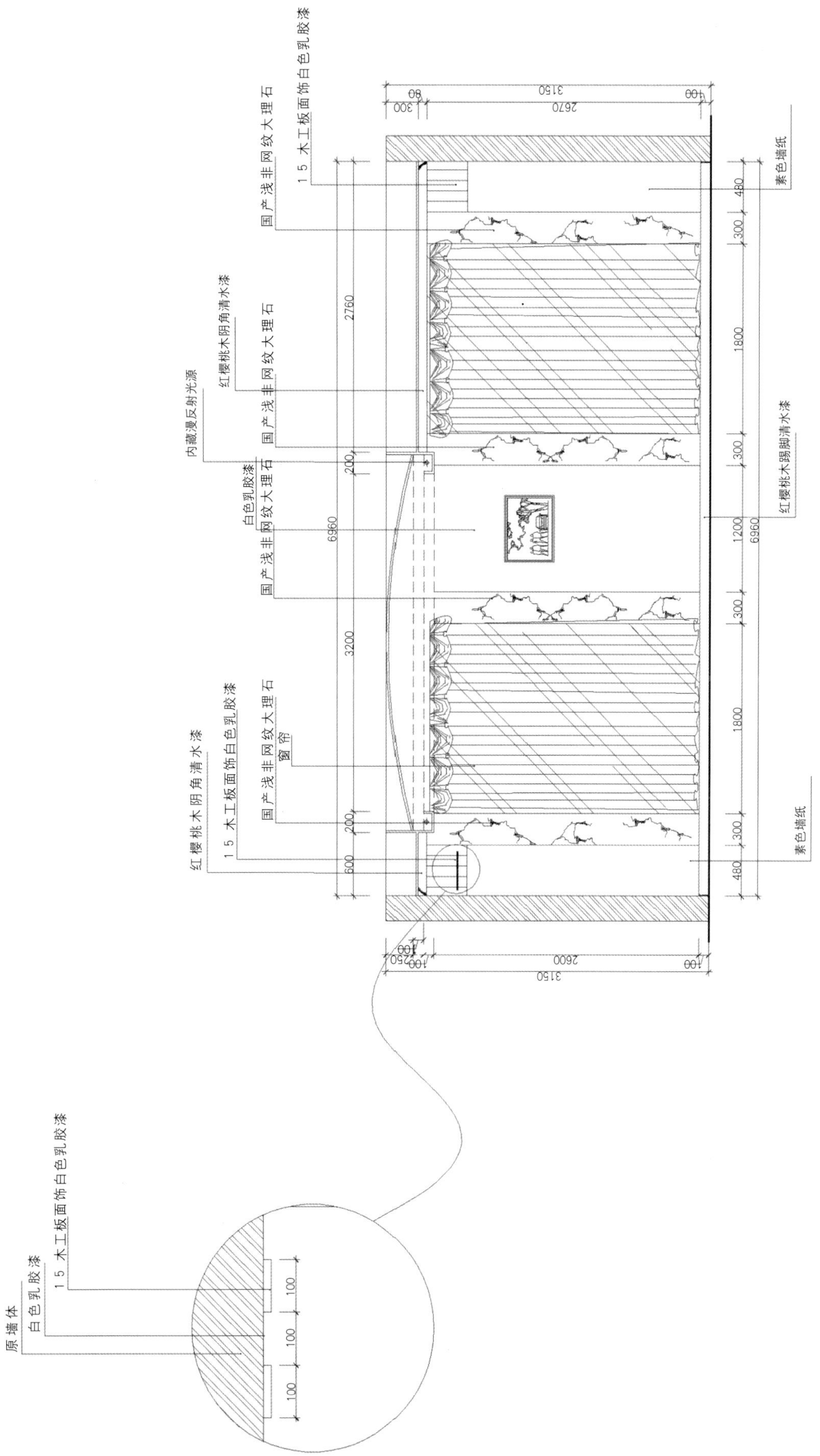

国产浅非网纹大理石

1.5 木工板面饰白色乳胶漆

素色墙纸

红樱桃木阴角清水漆

红樱桃木踢脚清水漆

内藏漫反射光源

红樱桃木阴角清水漆

国产浅非网纹大理石

白色乳胶漆

国产浅非网纹大理石

红樱桃木阴角清水漆

1.5 木工板面饰白色乳胶漆

国产浅非网纹大理石

窗帘

素色墙纸

信用合作社二层酒楼包房 6 A 立面图 1:40

白色乳胶漆

1.5 木工板面饰白色乳胶漆

原墙体

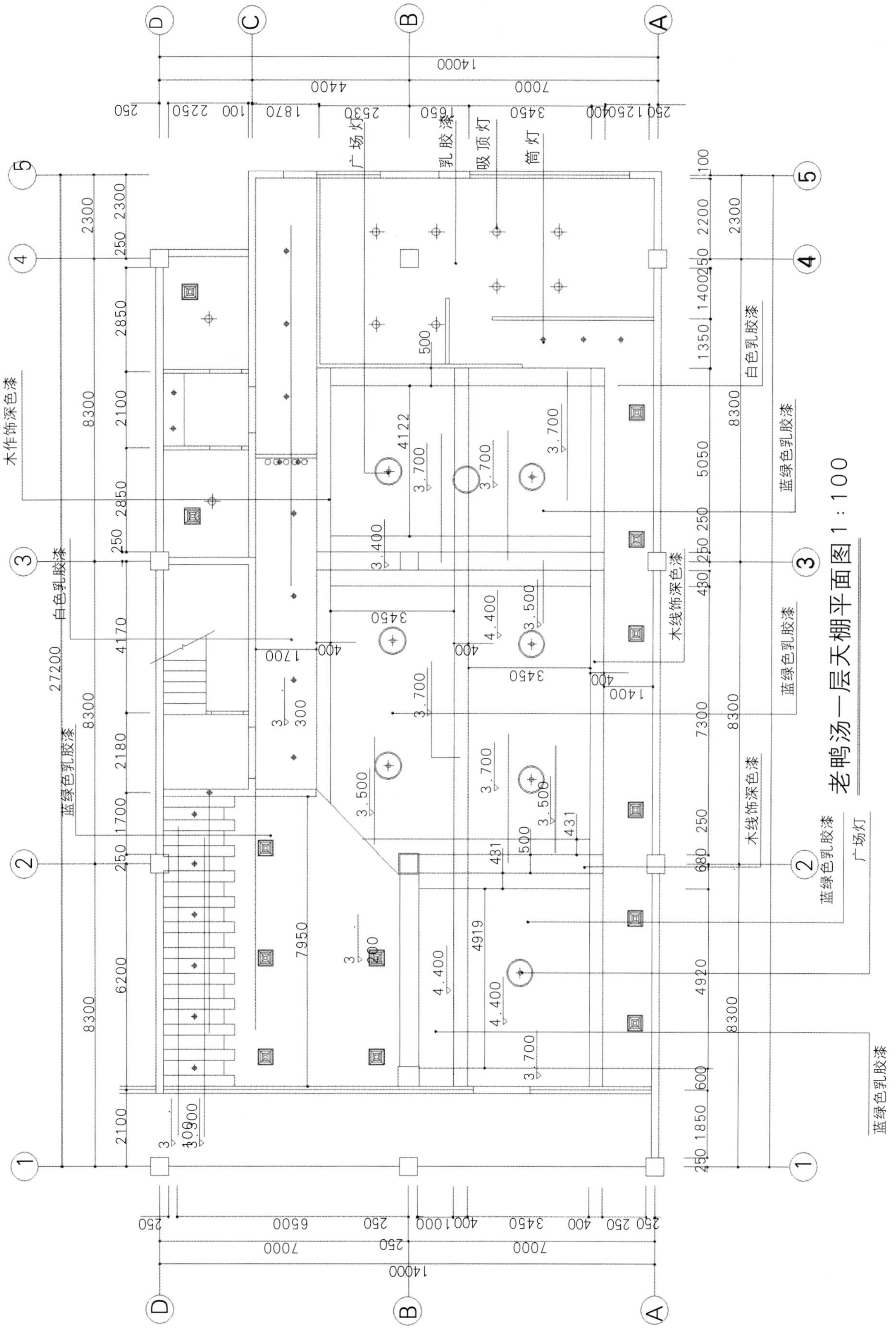

老鸭汤一层天棚平面图 1：100

图 A2-10

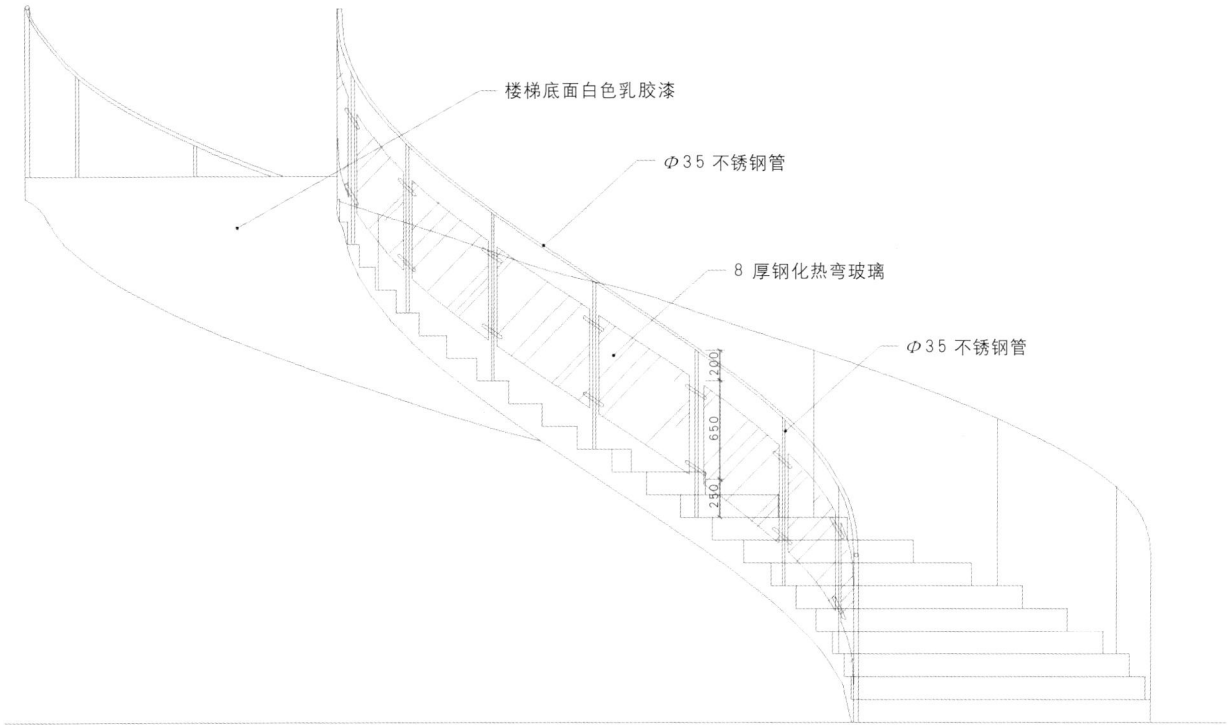

楼梯底面白色乳胶漆

φ35 不锈钢管

8 厚钢化热弯玻璃

φ35 不锈钢管

图 A2—11

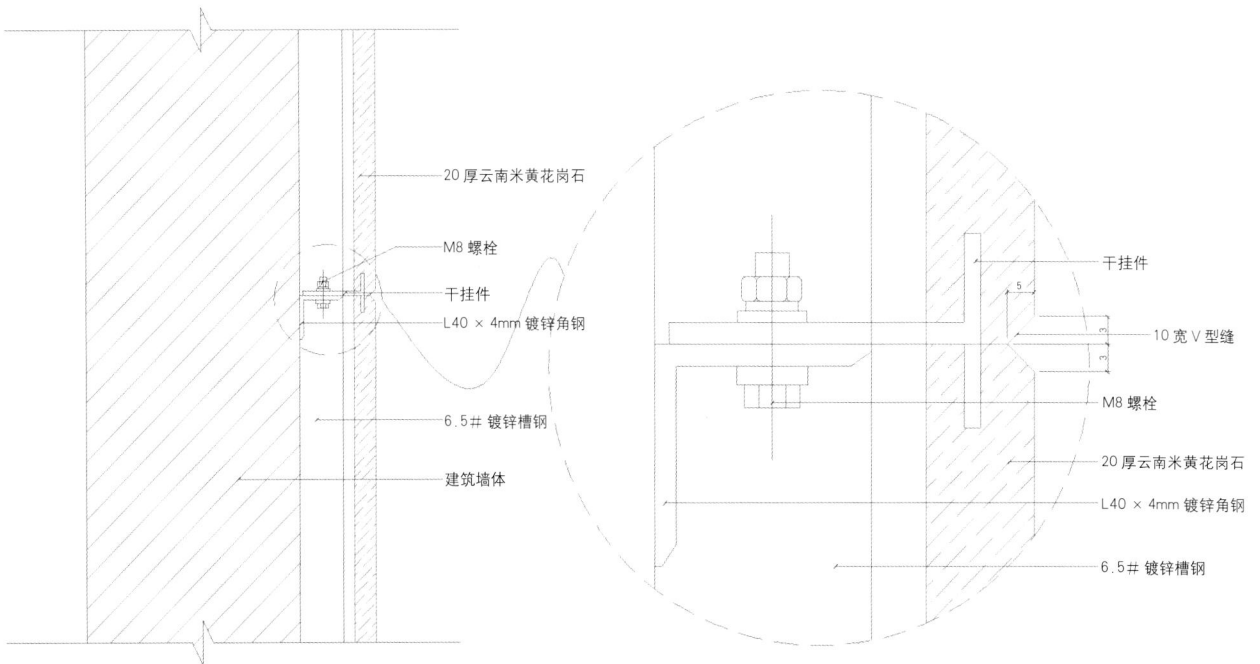

20 厚云南米黄花岗石

M8 螺栓

干挂件

L40×4mm 镀锌角钢

6.5# 镀锌槽钢

建筑墙体

干挂件

5

10 宽 V 型缝

3

3

M8 螺栓

20 厚云南米黄花岗石

L40×4mm 镀锌角钢

6.5# 镀锌槽钢

图 A2—12

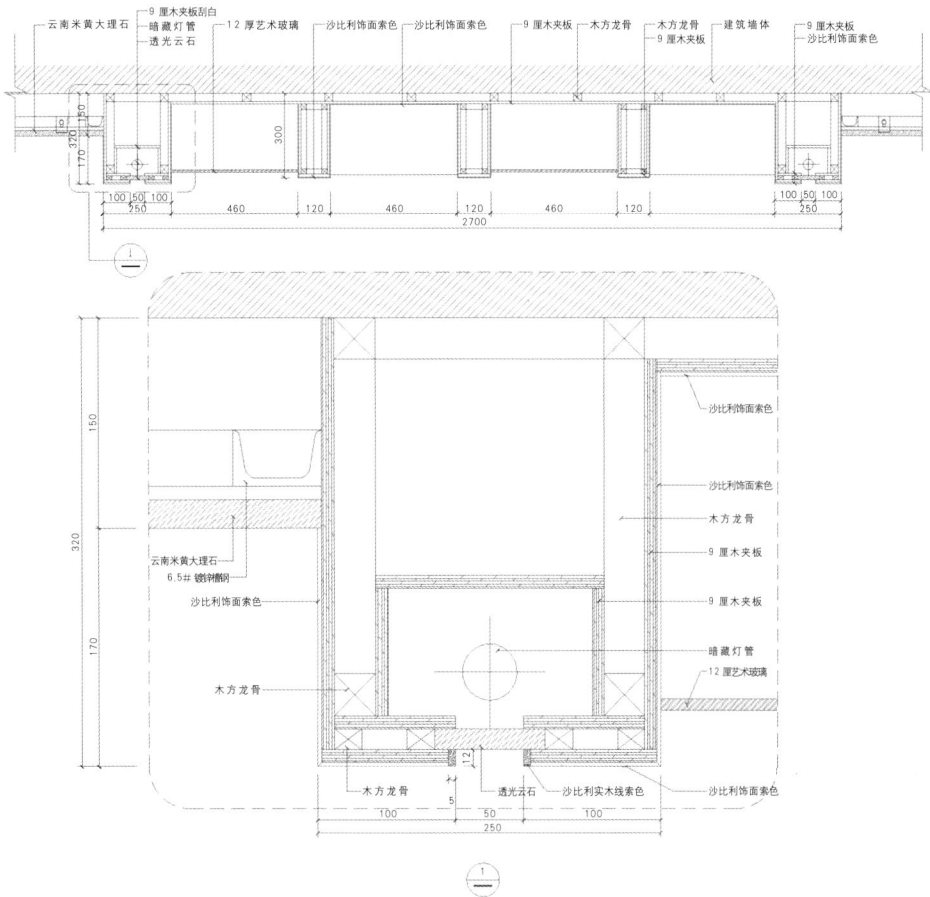

图 A2-13

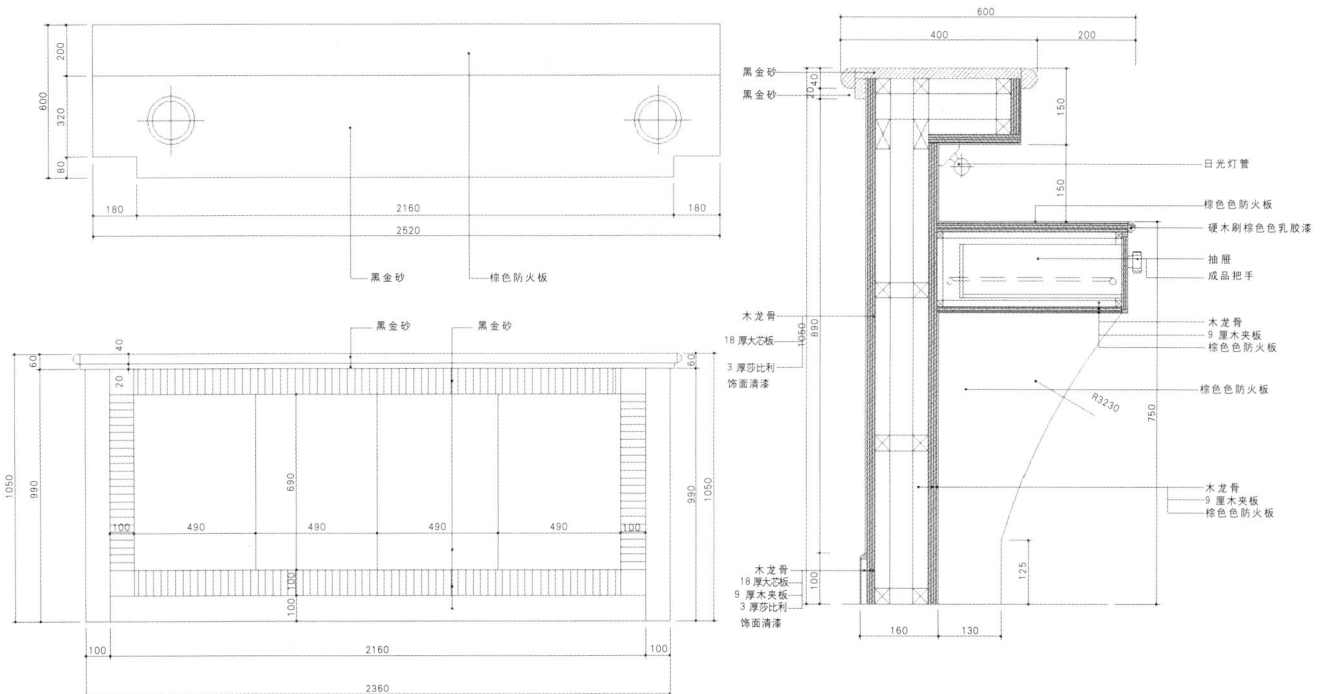

图 A2-14

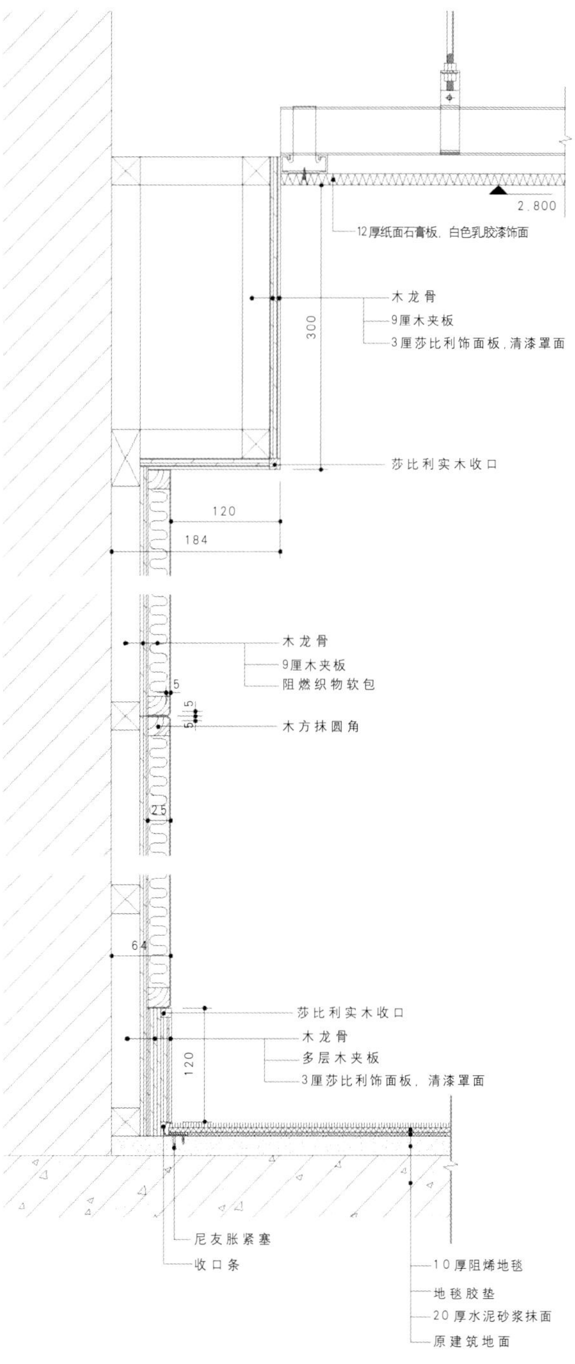
2.800
12厚纸面石膏板，白色乳胶漆饰面
木龙骨
9厘木夹板
3厘莎比利饰面板，清漆罩面
300
莎比利实木收口
120
184
木龙骨
9厘木夹板
阻燃织物软包
木方抹圆角
64
莎比利实木收口
木龙骨
多层木夹板
3厘莎比利饰面板，清漆罩面
120
尼友胀紧塞
收口条
10厚阻烯地毯
地毯胶垫
20厚水泥砂浆抹面
原建筑地面

图 A2—15

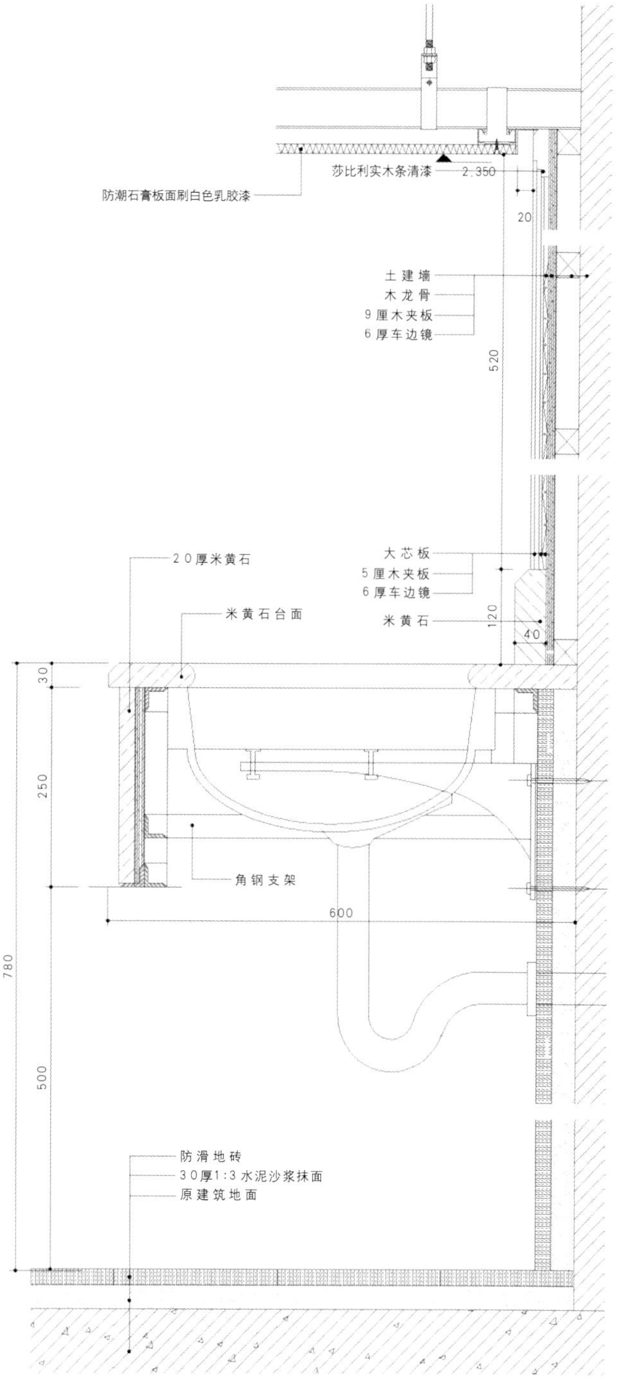
防潮石膏板面刷白色乳胶漆
莎比利实木条清漆
2.350
20
土建墙
木龙骨
9厘木夹板
6厚车边镜
520
20厚米黄石
大芯板
5厘木夹板
6厚车边镜
米黄石台面
米黄石
120
40
30
250
780
角钢支架
600
500
防滑地砖
30厚1:3水泥沙浆抹面
原建筑地面

图 A2—16

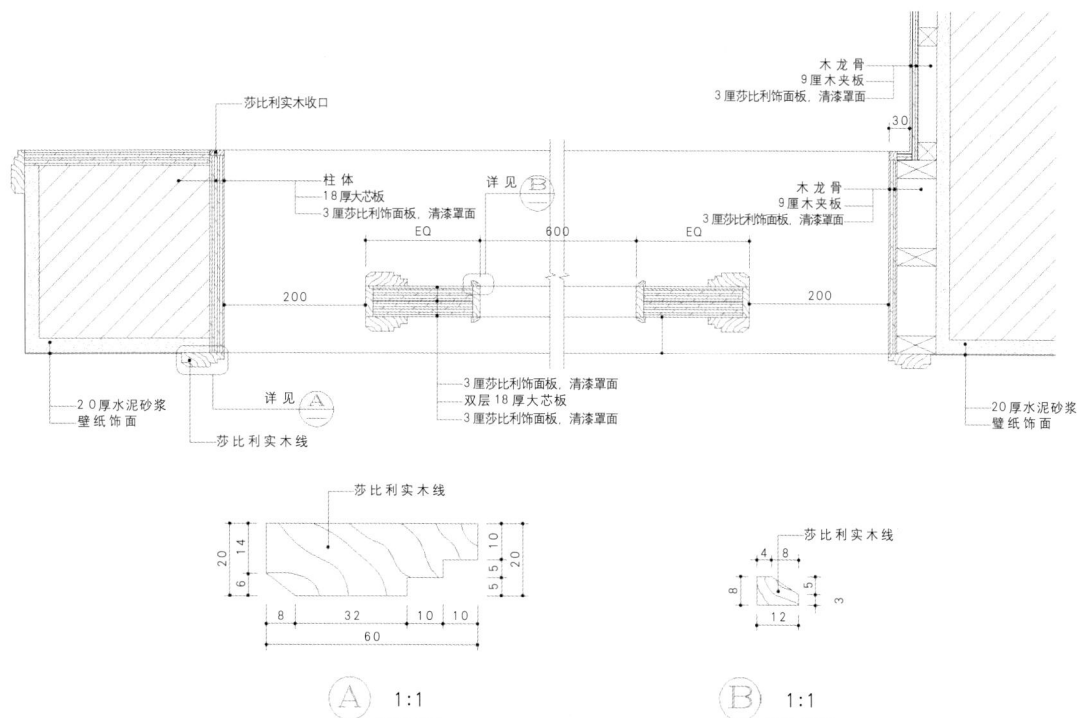

图 A2—17

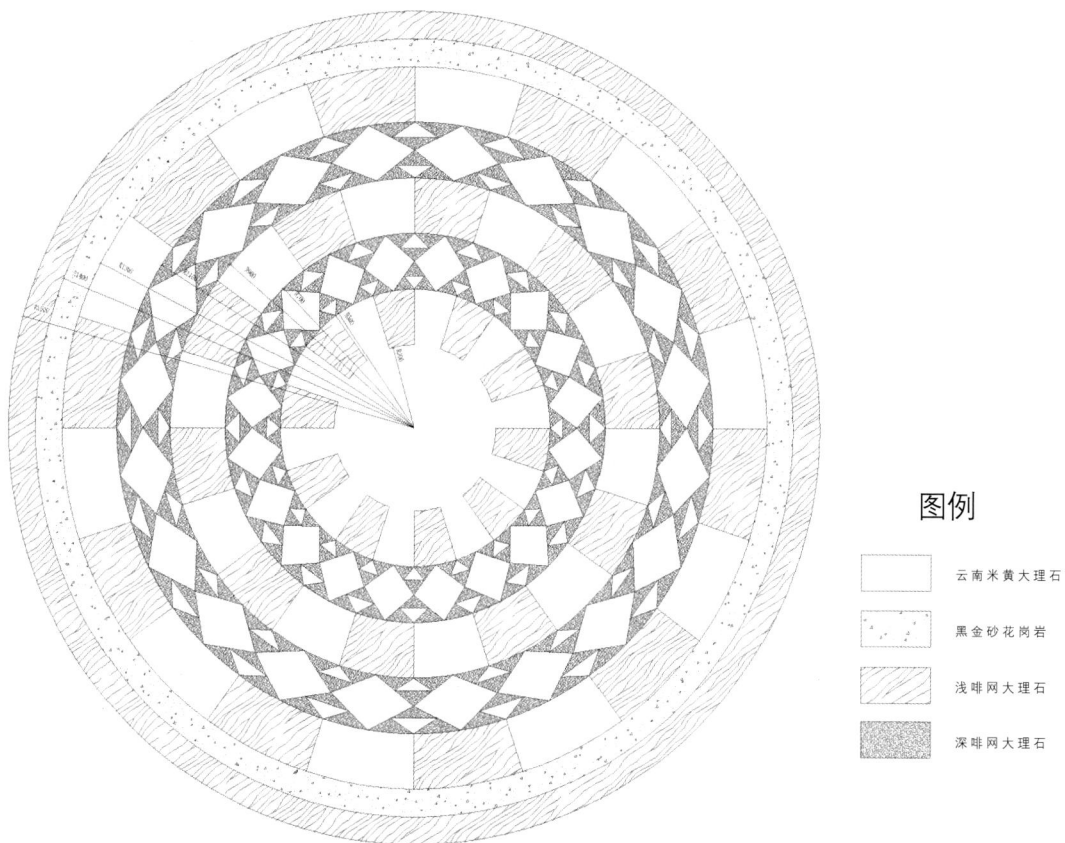

图例

云南米黄大理石

黑金砂花岗岩

浅咖网大理石

深咖网大理石

图 A2—18

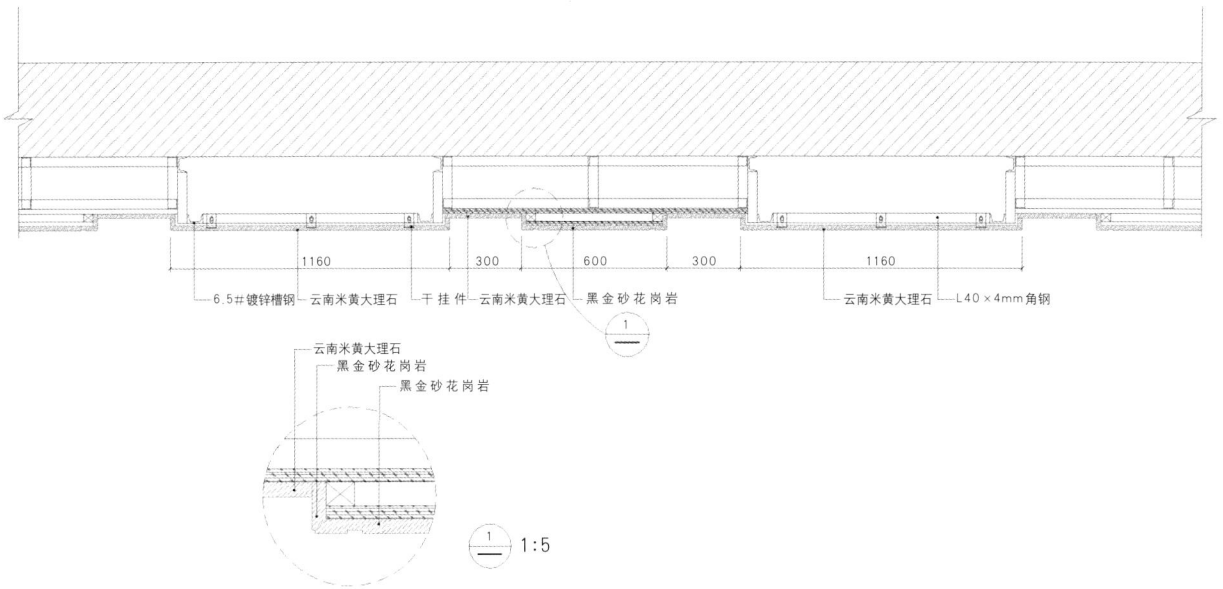

图 A2—19

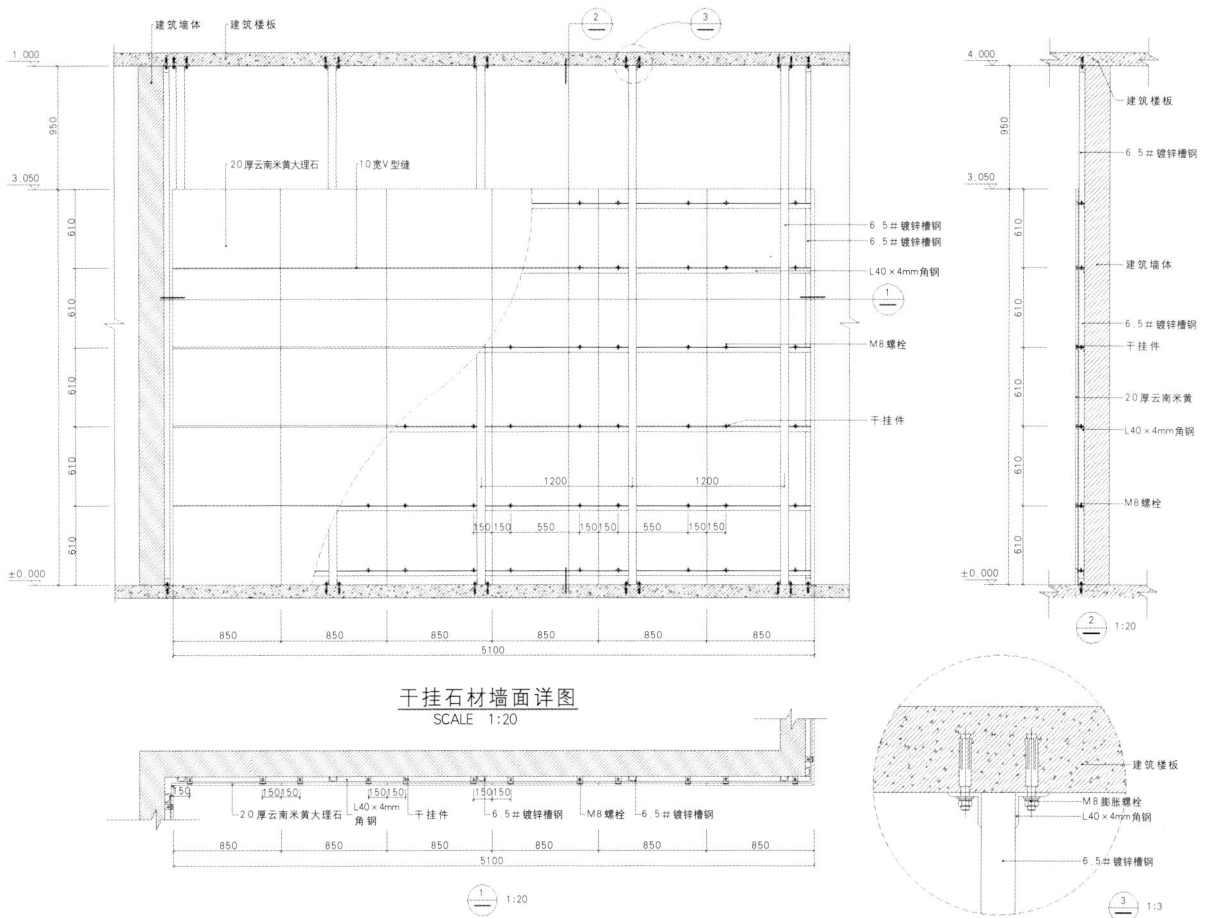

干挂石材墙面详图
SCALE 1:20

图 A2—20

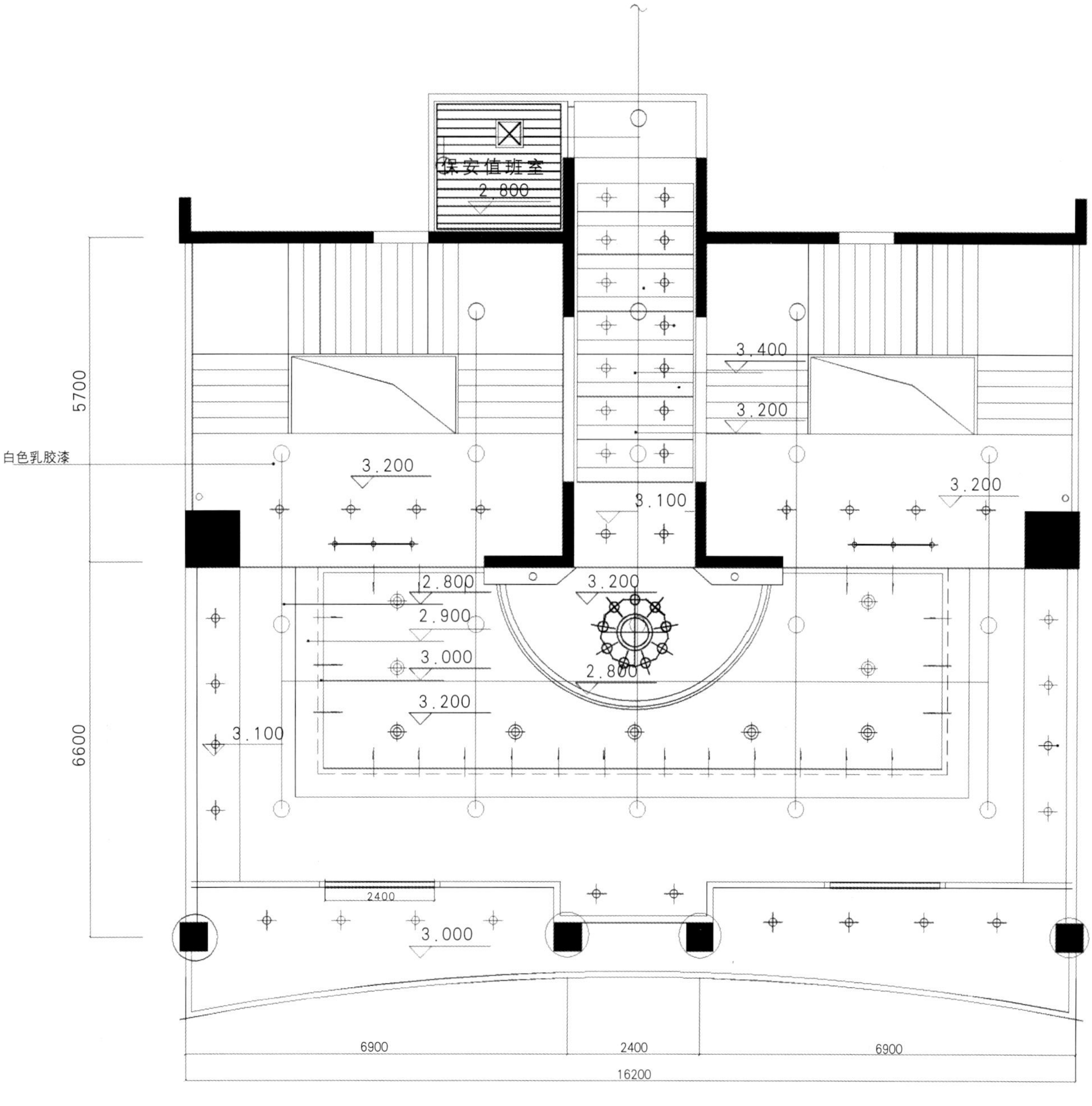
保安值班室
2.800
3.400
3.200
白色乳胶漆
3.200
3.100
3.200
2.800
2.900
3.000
3.200
3.200
2.800
3.100
3.000
5700
6600
2400
6900
2400
6900
16200

餐厅一层大厅喷淋平面　1:100

图 A2—21

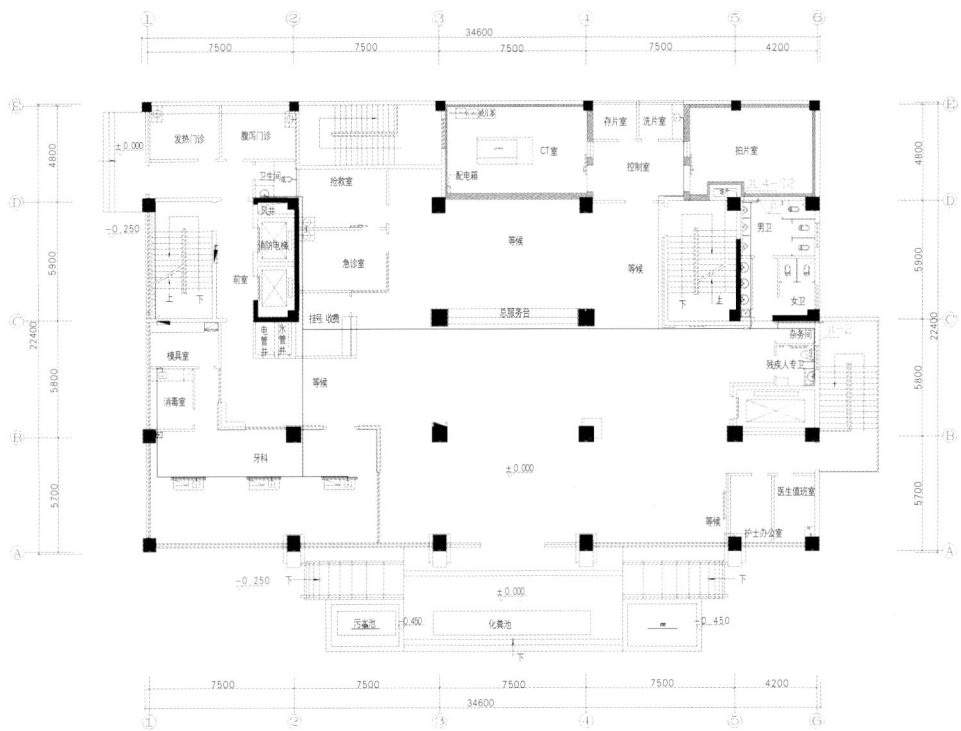

图 A2—22

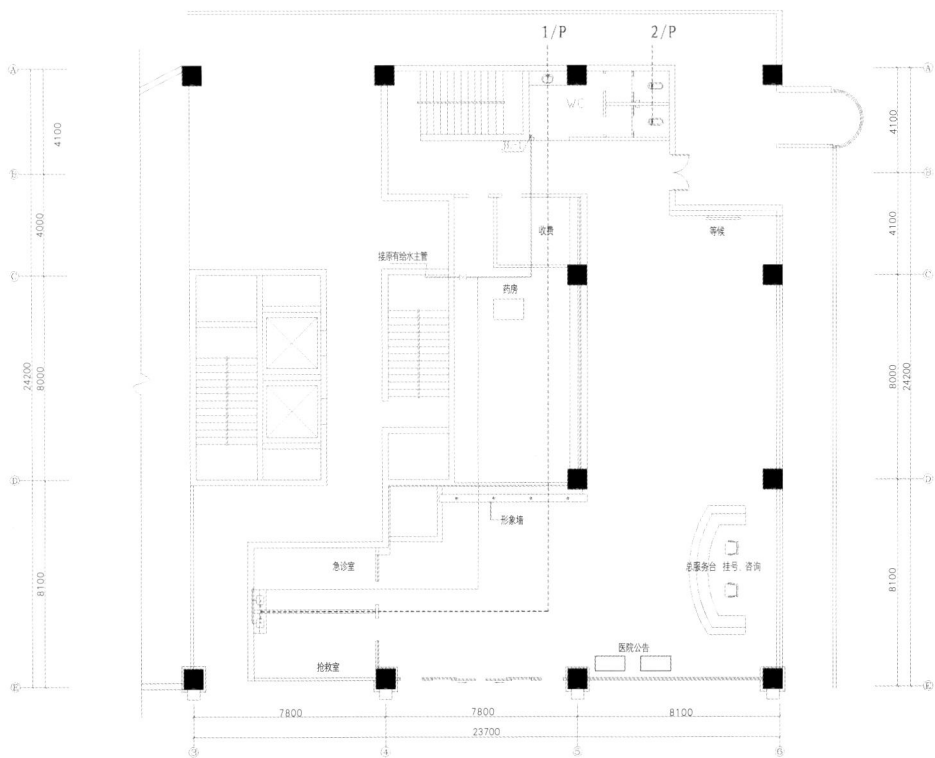

图 A2—23

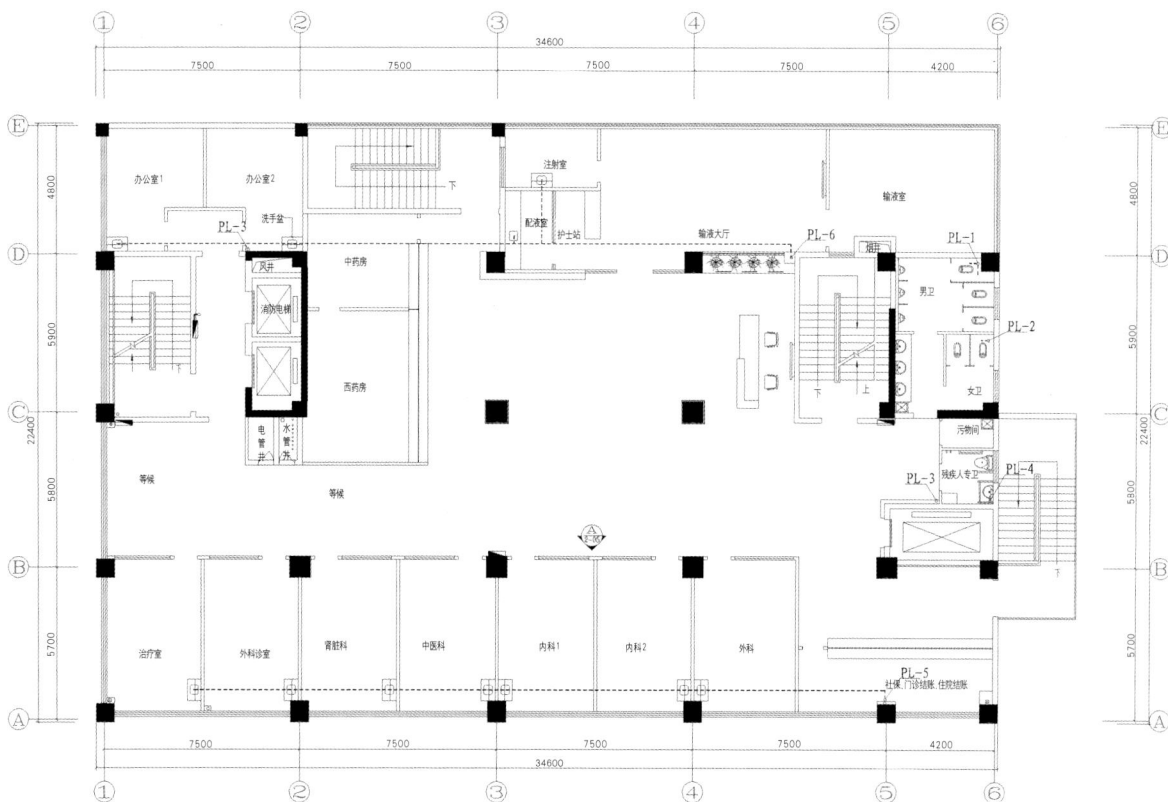

图 A2-24

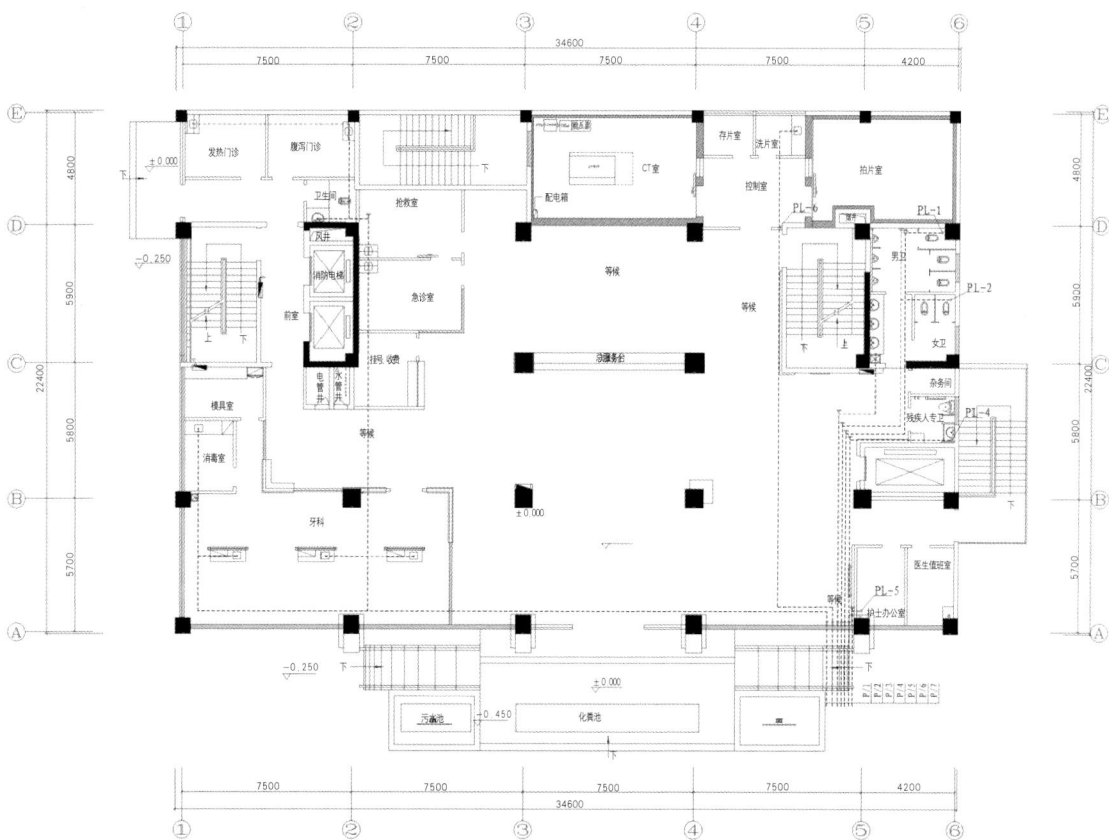

图 A2-25

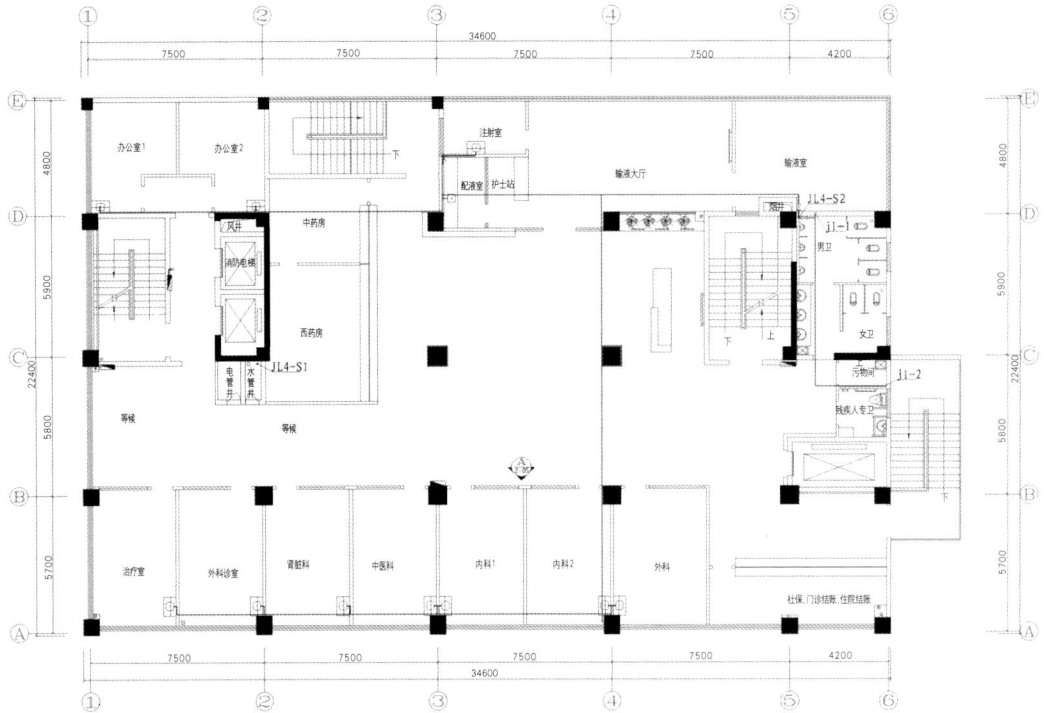

图 A2—26

图 A2—27

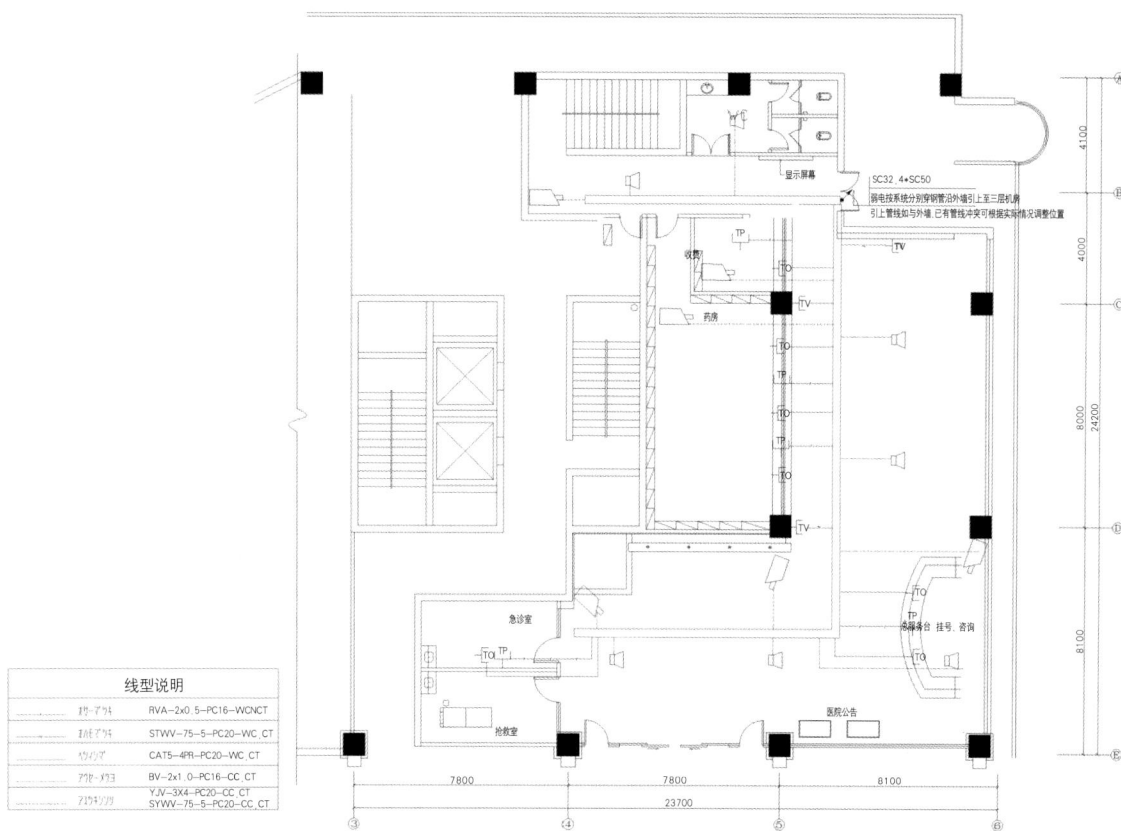

SC32.4+SC50
弱电按系统分别穿钢管沿外墙引上至三层机房
引上管线如与外墙冲突可根据实际情况调整位置

线型说明	
スピーカライン	RVA-2x0.5-PC16-WCNCT
エレベライン	STWV-75-5-PC20-WC.CT
ベンリジブ	CAT5-4PR-PC20-WC.CT
アウトレンヌ	BV-2x1.0-PC16-CC.CT
アリトムソワ	YJV-3X4-PC20-CC.CT SYWV-75-5-PC20-CC.CT

图 A2-28

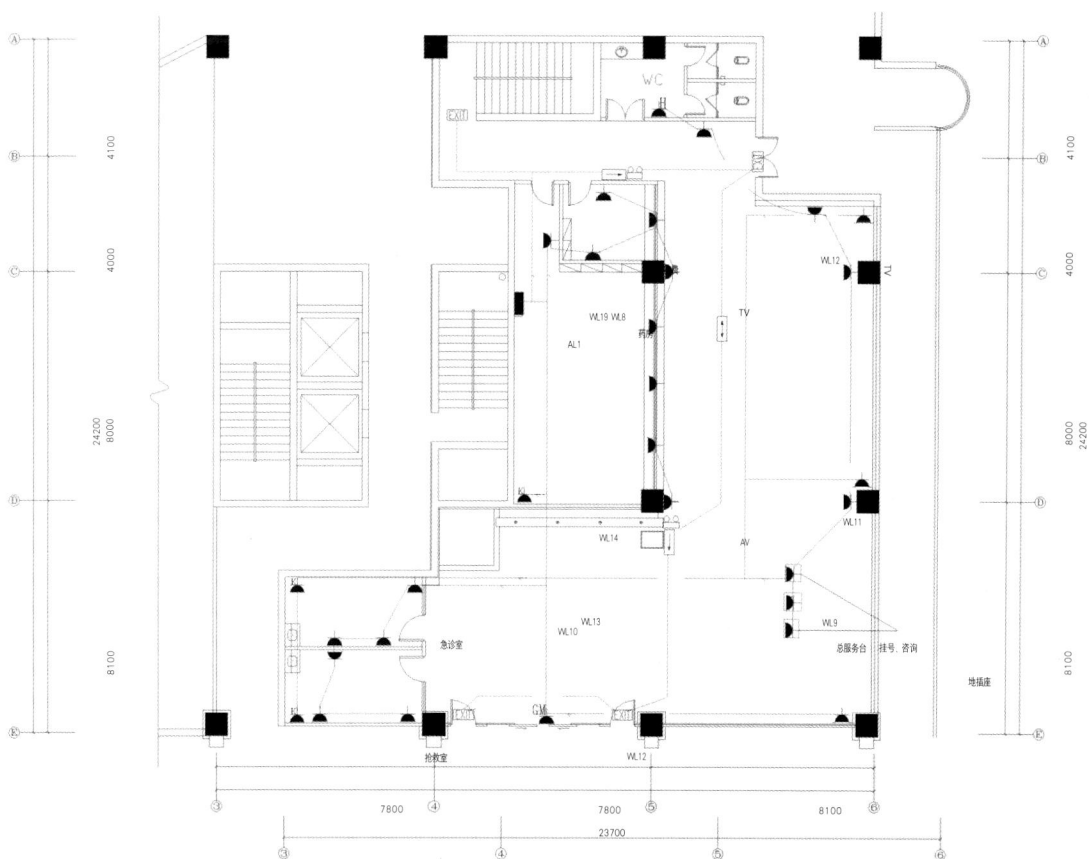

图 A2-29

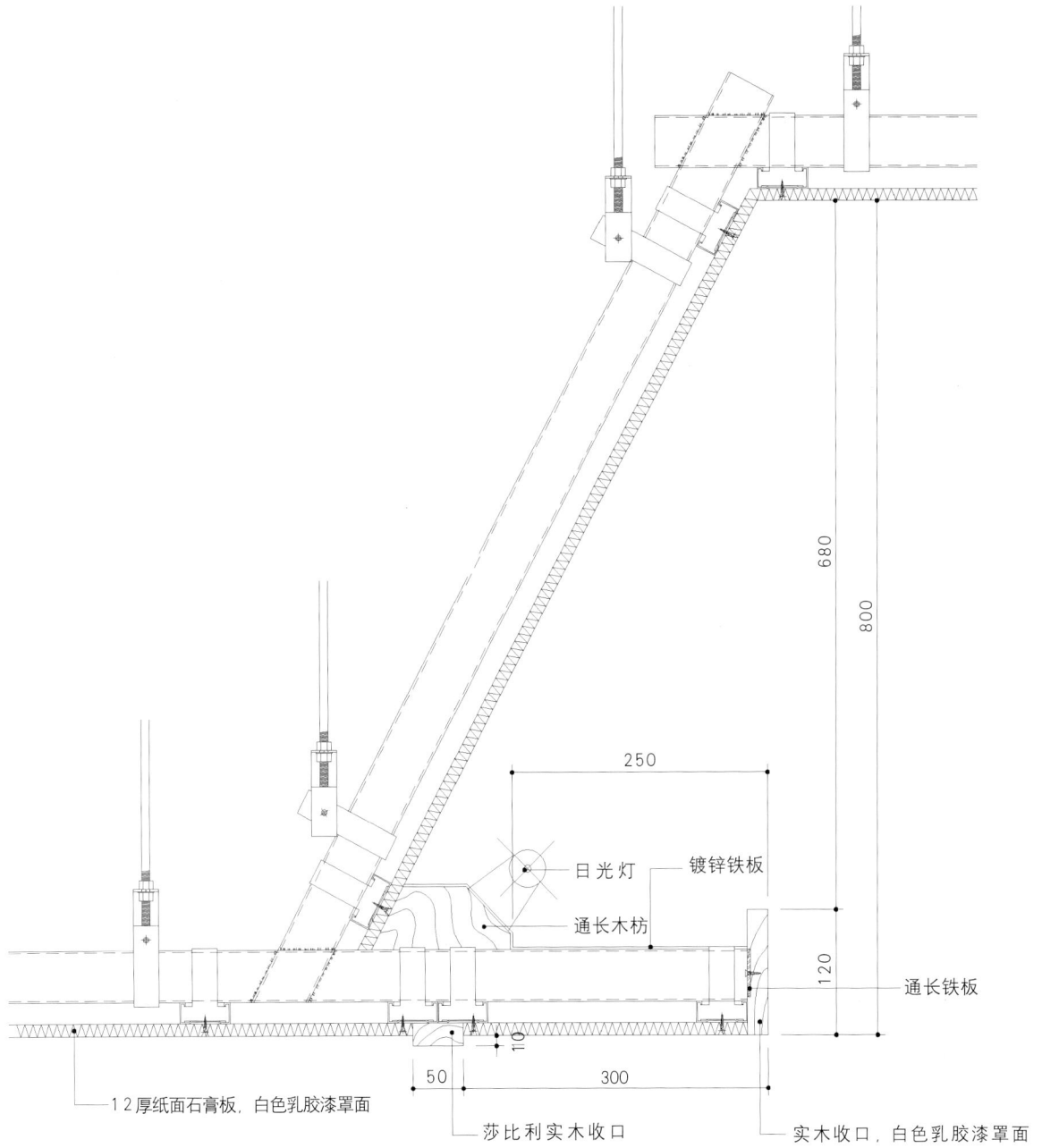

250

日光灯
镀锌铁板

通长木枋

通长铁板

680
800
120
110
50 300

12厚纸面石膏板，白色乳胶漆罩面

莎比利实木收口

实木收口，白色乳胶漆罩面

图 A2-30

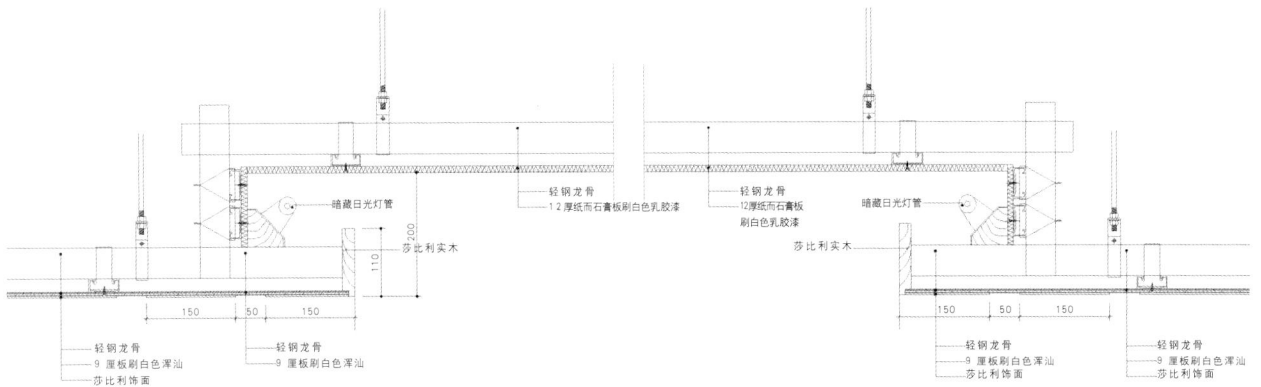

轻钢龙骨
12厚纸面石膏板刷白色乳胶漆

暗藏日光灯管

莎比利实木

轻钢龙骨
12厚纸面石膏板
刷白色乳胶漆

暗藏日光灯管

莎比利实木

110
150 50 150

轻钢龙骨
9厘板刷白色浑汕

轻钢龙骨
9厘板刷白色浑汕

莎比利饰面

150 50 150

轻钢龙骨
9厘板刷白色浑汕

轻钢龙骨
9厘板刷白色浑汕

莎比利饰面

图 A2-31

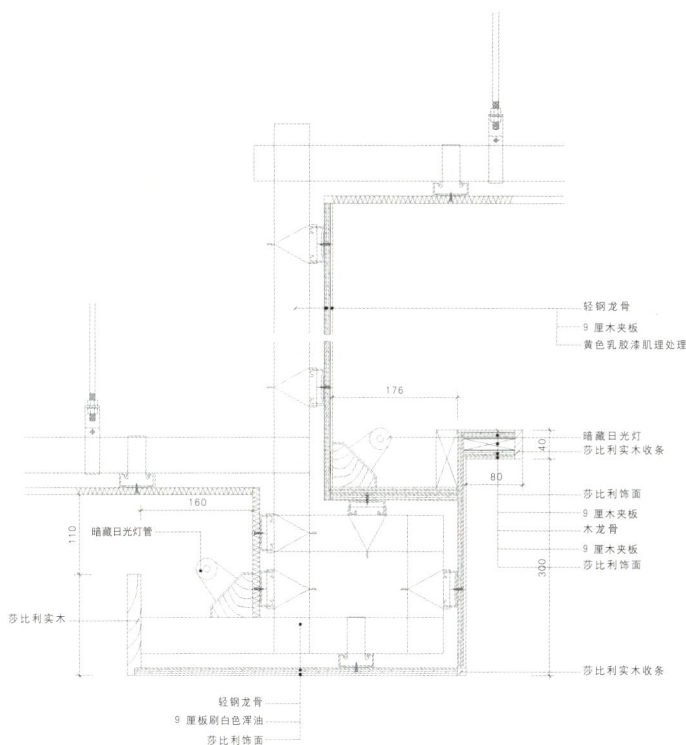

图 A2-32

图 A2-33 大理石系列

6．设计意图说明和造价概算

设计意图说明，是设计意图和设计思想的一个补充说明，造价概算是对设计作品作的一份切实可行性报告。

7．室内装饰材料实样版面

室内装饰材料实样版面，是设计的技术手段不可缺少的一个程序，包括选用什么材料来表达我们的设计意图、材料的造型特征、材料的颜色、材料成型的可行性等的说明，以便为施工做一个选材的依据。（图A2-33～图A2-37)

图 A2-34 花岗石系列

第六节 设计方案交委托方审定和启动项目施工

工程施工期间需按图纸要求核对施工情况，各专业须相互校对，经审核无误后，才能作为正式施工的依据。根据施工设计图，参照预定额来编制工程预算，对设计意图、特殊做法作出说明；对材料选用和施工质量等方面提出要求。为了使设计作品能达到预期的效果，设计师还应参与施工的监理工作，协调好设计、施工、材料、设备等方面的关系，随时与施工单位、建设单位在设计意图上进行沟通，以便达成共识，让设

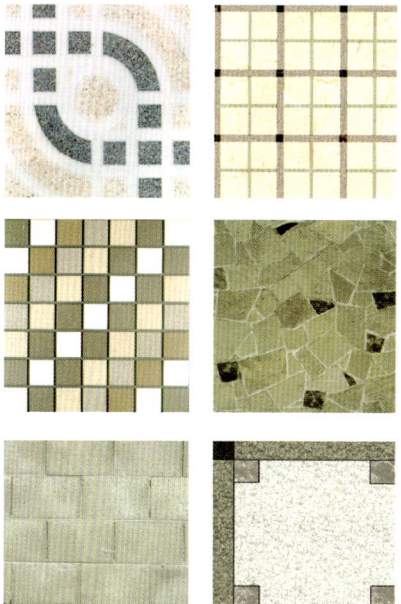

图 A2-35 地砖系列

图A2-36 树皮系列

图A2-37 木纹系列

计作品尽量做到尽善尽美，取得理想的设计效果。

设计师在施工监理过程中的工作包括：材料确定、设备选用、施工质量监督；完成设计图纸中未完成部分的构造做法；处理各专业设计在施工过程中的矛盾；局部设计的变更和修改，按阶段检查工作质量，并参加工程竣工验收工作。

本章小结：

1．主要概念与提示

平面图：可以明确地表达我们对空间的分隔、计划和容纳的人数、人流线路等情况。

立面图：要明确表达设计师的构思意图。

顶棚平面图：是表现顶平面的造型图，上面需要表明顶棚的造型、层高、灯具等。

室内预想图：也叫效果图，它以三维空间的形式，清楚地表达设计师的设计意图，包括手绘预想图、电脑绘制的预想图等。

施工图：是细化施工详图、设备管线图和编制施工说明等，施工图是工程施工阶段和工程验收的依据。包括施工设计大样图、声环境施工图、消防系统施工图、照明施工图、给排水施工图等。

2．基本思考题

正确的餐饮文化空间设计的运作程序是怎样的？

3．基本训练题

教师：提供一个面积为1000平方米左右的公共空间户型图。

学生：（1）以老师提供的户型图为依据，作出餐厅的规模、消费对象、消费形式、经营模型等定位；

（2）根据定位作出市场调查和设计计划的文案；

（3）提出详细的功能分类与老师沟通；

（4）以老师提供的户型图为框架，做两个平面草图并与老师沟通；

（5）把确定的草图绘制成规范的平面图。

第三章 餐饮文化空间设计的基本原则

餐饮文化空间设计的基本原则，就是必须满足人们在进行就餐活动的过程中，应该获得物质、环境、精神等综合的体验。我们所设计的空间能否被人们所接受、是否具有品位、能否给客人以良好的心理感受，设计至关重要。

我们必须遵循餐饮文化空间设计的基本原则。下面我们从满足使用功能的设计原则、满足情感表达的设计原则、满足技术要求的设计原则、满足独特个性的设计原则、满足顾客目标导向的设计原则、满足适应性的设计原则来进行探讨和研究。

第一节 满足使用功能的设计原则

餐饮文化空间的使用功能，必须满足餐饮产品的销售和生产空间两个功能，设计师必须对销售和生产空间进行合理的流程安排和精心的空间计划，才能让消费者达到满意的、甚至是难忘的用餐经历和文化体验，给经营者的管理带来方便，最终让企业和顾客都获得最大的收益。

餐饮文化空间必须具有满足实用性功能的要求。不论餐饮文化空间是什么形态，不管是什么类型，不管是经营什么餐饮，不管它的文化背景如何，体现什么文化品位，所划分的空间大小、空间的形式、空间的组合方式，都必须从实用性出发，通过设计师精心规划获得餐厅空间的合理性。

我们设计前要熟悉该餐厅的预想格局、经营理念、经营内容、经营的方式、场所的大小、销售的阶层、销售方式、场所容纳多少人、服务方式等功能……这样设计才能满足餐厅的使用功能。

一、满足销售餐饮产品空间

销售餐饮产品需要一定的场所来满足顾客生理、心理和物质上的需要。这种场所包括直接向客人服务的门厅、就餐区、小卖区、展示区、卫生间等不同功能的使用空间。

餐饮产品能够顺利地完成买卖的过程，需要有两个方面的因素：一是卖方有好的餐饮产品提供给买方，二是买方只有在舒适的环境、愉悦的心情下，才能满意地接受卖方所出售的美味可口的产品。餐厅作为产品销售的载体，在整个产品的销售过程中起着至关重要的作用，场所作为中介搭起购买者和销售者之间的桥梁。

餐饮产品销售空间是一个复杂的综合体，它涵盖了醒目的餐厅外观、接待的门厅、满足产品销售的就餐大厅，还有其他的配套服务设施：儿童玩耍区、吸烟区、电话区、小卖区、展示区、卫生间等不同功能的使用空间。

1. 餐饮企业的名称

餐饮企业的名称需要告诉客人餐厅的风格、服务的项目和经营特色。如 "竹林小餐"，从店名上就能感受到小竹林的幽雅，四处飘散着的农家菜的芳香，颇有闹中取静的雅趣；"山外山"，有远山的呼唤的感觉，远离闹市的超脱，让自己的心灵也随着静静的群山得到净化；"楼外楼"，闻店名而生雅兴，使人不由想起"山外青山楼外楼"的诗句，有山水相连的幽雅，陶醉其间美不胜收；香格里拉的"香宫"，华贵而飘逸，让人浮想而陶醉；宫廷菜的"仿膳饭庄"，不难想象菜肴之精美与名贵；清真菜的"清雅斋"，体现了伊斯兰宗教饮食文化的礼节和教规；粤菜的"玉堂春暖"，体现其乐融融的和睦和美好。

餐饮文化在店面招牌上必须体现出言简意赅，准确地抓住餐厅的特点，令人过目难忘。

2．餐饮文化空间的外观设计

人们对餐厅的认识是从餐厅的大楼外观开始的，餐厅的大楼形象直接关系到人们对餐厅的印象，犹如餐厅的脸面，直接影响着企业的形象、经济效益和社会效益。

一个好的餐厅设计无时无刻不在显示着企业的文化，其外观更是体现企业文化的窗口，是最好的企业广告，独特的主题思想招引着顾客、能让顾客看后记住企业的品牌文化。外观是浓缩的企业文化，是企业文化的核心，因此外观设计也显得非常重要。这就要求设计师在外观造型上必须有特色，企业的名称也需要富有个性，这样才能给顾客产生积极的消费冲动和留下深刻的印象。（A3-1-1、A3-1-2）

3．餐饮文化空间的门厅设计

门厅就像是小说里的序言和音乐乐章里的序曲，拉开了客人消费的序幕，承担起室外空间和室内空间的过渡作用。

企业文化在这里得到高度的浓缩，为了让客人一进入门厅里就能了解餐饮文化的主题思想，感受到餐厅经营的品位和文化风格，就要让人们在这里开始自觉或不自觉地走进餐饮文化的氛围里。这样可以引导客人的视线，激发客人进店消费的欲望，因此，门厅在餐饮空间里还扮演着迎宾的作用。另外，门厅还有休闲和等候的功能，同时还承担着人流的疏散作用。所以门厅的设计在餐饮文化空间里起到举足轻重的作用。

门厅的功能包括：（1）迎宾接待区设置有接待台，作用是迎接来宾和定座等整个餐厅事务的处理工作；（2）休闲等候区设置有沙发就座区和上网区等；（3）品茶区设置有喝茶座，让顾客在等候时也得到无微不至的照顾；（4）儿童游乐区设置有游乐设备，让饭饱后的孩子有地方玩耍，也让大人可以安心品味餐厅带给他

A3-1-1 餐厅在夜空中简雅温纯但又不失文化内涵

A3-1-2 以红色为主调的餐厅外观，醒目突出

们的愉悦等等一系列的具有人性化的完善功能。（A3-1-3、A3-1-4）

4．餐饮文化空间里的就餐场所

就餐的形式林林总总，丰富多彩，不同的就餐形式折射出不同的餐饮文化背景。就餐空间承载着销售餐饮文化产品的交易功能，所以餐饮文化空间在餐饮产品"交易"中显得特别重要。就餐大厅必须具有实用性和合理性，它的划分必须考虑空

A3-1-3 空间高大体现出门厅的气派，空间中的巴蜀文化符号蕴涵着浓浓的文化氛围

A3-1-4 天龙王朝的接待大厅

间的大小、空间的形式、人们就餐的方式、各空间之间的协调关系等，我们大致可以分为以下几种就餐形式：

就餐大厅的散座区域，是以圆桌或方桌等形式出现在就餐大厅里，比如，十二人座、八人座……这里是容纳顾客最多的地方，也是餐厅的主要卖场。（A3-1-5～A3-1-7）

宴会厅是以承接会议和婚宴等为主的餐厅，这类餐厅除了吃饭，还有所有的消费者一起互动的重要功能，如会议的演讲、婚礼的仪式等。散座就成为该餐厅的主要就餐形式，有明显的演讲台，餐桌大小统一、整齐排列，无过多的隔断。（A3-1-8）

就餐大厅的卡座区域，是以小桌形式存在，它们总是靠墙、靠窗、靠隔断等，以寻求安静。一般一座以供两个人到五个人就餐。当然卡座的形式也不是统一的，现在设计师在卡座的形式上做了许多的创新，如靠植物围合、靠水围合、靠帘子围合……（A3-1-9～A3-1-11b）

就餐场所的普通包间区域，是为需要绝对安静的顾客提供的独立就餐场所，满足隔音和隔视线的要求，多个的普通包间面积不一样，这里有独立的服务和一些独立的配套功能，如独立卫生间、配菜间……（A3-1-12、A3-1-13）

就餐场所的豪华包间区域，也是为需要绝对安静的顾客提供的独立就餐场所，同样满足隔音和隔视线的要求，豪华包间除了装修档次的豪华外，功能也比普通包间齐全，除了有独立卫生间、配菜间外，还有上网区、休息区、更衣室、饮茶区等，当然也具有较大的面积，容纳较多的顾客吃饭。（A3-1-14、A3-1-15）

A3-1-5 中式餐厅的就餐大厅

A3-1-6 不同大小、不同形状的餐桌让大厅活跃

A3-1-7 西餐大厅里，餐桌之间尽可能有较宽的距离

A3-1-8 宴会厅有明显的演讲台

A3-1-9 小巧雅致的卡座

A3-1-10 可以容纳6~8人的卡座

A3-1-11a 传统的卡座形式

A3-1-11b 白色的毛墙面围合的卡座区带有希腊的浪漫风情

A3-1-12 中式风格包间中有传统的陈设、木格花饰、传统红色

A3-1-13 在包间的入口处，左边设有独立的配菜间，右边设有独立的卫生间

A3-1-14 中式风格包间，它是五星级酒店餐厅的一个豪华包间

A3-1-15 大厅的里端，圆形的区域用钢化玻璃围合，垂地的纱帘将包间变得隐隐绰绰

另外，由于餐厅的性质不同，就餐的方式也不同，所以就餐形式还得以具体的每一个餐厅来确定。当然也可以有适宜的就餐新形式。餐饮文化空间里的就餐场所还必须满足：（1）安全功能，是指在餐饮文化空间里，必须为客人提供财物和人身安全保证，比如：消毒设施、消防楼梯、紧急出口标志、烟感器、应急设施、台阶照明、食品的卫生安全等。（2）支配控制功能，人总是有一种支配和控制的欲望，提供好的服务就是为了满足人们的这个功能要求。（3）信赖功能，好的餐饮产品要有很好的信誉，可以在顾客的心目中对产品产生信赖的心理，信任感的建立能够促成人们对餐饮文化产品的依赖，而成为餐饮产品最忠实的朋友，这也是一个企业的生命。（4）合理价格功能，顾客总是希望花最少的钱，买到最好的产品，就是人们常说的价廉物美。有些饭店常常推出部分产品打折，有些是分时间段的打折，就是利用求廉的心理来满足顾客的消费欲

望。（5）显示身份地位功能，餐饮文化空间的环境氛围是体现一个人的消费能力的地方，消费能力的高低也成了一个人身份地位高低的象征。如餐厅的服务对象是有身份地位人群，设计师往往把门厅按照酒店大堂档次设计；还有豪华包间也是在功能和装修档次上做到极至；餐厅里的装饰陈设等等，也让设计师颇下工夫。（6）自我满足功能，消费者都希望买到自己喜爱的名牌产品，对名牌产品的拥有都有一种自我满足感，因此，有知名度的餐饮文化企业应该抓住自己的品牌效益，使消费者在消费餐饮的同时，也是在为某些企业的品牌做宣传，达到一举两得的目的，以此来达到自我满足的目的。

5. 餐饮文化空间里的服务台

服务台是餐饮空间里一个重要的区域，它包含的功能有收银、鲜榨水果饮料、酒和饮料的供应等服务，它也是饮品的生产场所。服务台一般设置在大厅显眼的地方，根据卖场的大小，服务台的长度多为几米到十几米，并在后面配有一个小型操作间。服务台里包括服务台和陈列柜、冰箱、水槽、刨冰机……服务台是餐饮文化空间的形象点，所以设计师对此要多下工夫。（A3-1-16~A3-1-18）

6. 餐饮文化空间里的儿童托管区

儿童托管区是餐厅里的一个配套功能。在就餐场所里，儿童在很多情况下是属于被动消费，但他们也有自己的活动空间和场所，不希望随时在父母的监控下生活，而父母的就餐行为和时间与孩子不尽相同，所以餐饮空间里也为孩子提供了一个属于孩子的活动空间。

比如：电玩区、读书区、游戏区、独立的就餐区、独立的卫生间等……还有配套的专人服务管理，行李存放等功能……（A3-1-19）

A3-1-16 服务台是餐厅里不可缺少的，要有足够的空间满足卖场的服务需求

A3-1-17 弧形的服务台放置在餐厅中心，让顾客感受到亲切

A3-1-18 银河王朝餐厅服务台

A3-1-19

A3-1-20 L型的货柜陈列着餐厅的特色小品,有小点心、餐具、调料等,它们都是销售给顾客的,让食客们把餐厅的品牌带回家享用

7. 餐饮文化空间里的吸烟区

吸烟有损健康,据不完全统计,我国有3.5亿烟民,每年的死亡人数约100万人,占全球直接死于吸烟引发疾病人数的1/5,每年还有10万人死于二手烟。吸烟不但危害着人类的生命,同时也对环境造成了严重的影响,人们对就餐环境的要求已越来越高,希望有一个健康而绿色的环境。在我国,立法是实现室内环境无烟化的关键措施。现在的餐饮环境也逐步走

向健康化,从在餐厅里禁烟和设立专门的吸烟区,到净化空气或安装通风设备等,以减少二手烟雾对非吸烟者的危害。

8. 餐饮文化空间里的电话区

餐饮空间里的电话区是一个配套的辅助项目,为个人提供商务、预约、交流的功能,一般是设在大厅和走廊的一角。

9. 餐饮文化空间里的小卖区

顾客的消费心理是希望能明明白白地消费,所以小卖区以自助形式存在,直观消费形式无疑是迎合顾客的这种消费心理。

小卖区的设计应该整洁、通明、直观、价格清楚……作为餐饮文化空间里的辅助设施,小卖区包括冷菜间、水酒自选区、礼品自选区、水果自选区……这里明确地告诉消费者,我们为您提供了哪些餐饮产品,这些产品的品种及价格。产品的直观、价格的透明,增强了顾客的消费欲和信任感,使顾客心甘情愿地消费,从而达到促销产品的目的。(A3-1-20)

10. 餐饮文化空间里的展示区

人们消费餐饮产品的过程,也是一个购买文化、消费文化、享受文化的过程,而餐饮企业也是生产文化、经营文化、销售文化的过程,所以餐饮文化空间便成了一个文化创新的基地,文化经营便成了经久不衰的主题,精神文化又作为一个载体推动着餐饮企业的发展。

在这高速发展的经济社会中,人们没有停止过对知识和文化的追求,希望在不同的文化场所有一次精神的洗礼。其实每个人都能在家里吃到自己做的可口饭菜,也可以请高级厨师上门服务,吃到和餐厅一样的餐饮产品。但是从餐厅里唯一带不走的是浓浓的文化氛围,温馨的文化环境、富有个性的情调,这些文化品位却是在家里无法享受到的。餐饮文化空间的精神效益在商场的竞争中总是首当其冲地展现给大家,使文化在经营管理中发挥出强大的作用。因此,聪明的商家们总是把文化的魅力看成是企业能否壮大和发展的关键。餐饮文化空间里的展示区也显得非常的重要。

展示区有时以独立的空间存在于餐厅里,它张扬着企业文化;有时以大小不一的多种形式穿插在餐饮文化空间的每一个角落,在不经意中传达着企业文化。

陈设是指餐厅里的窗帘、挂画和饰品等装饰物,展示区就是通过展示一些代表该餐饮空间文化的饰品传达着企业文化,它是一种具体形象的语言。目前的室内陈设已逐渐成为一个完善的服务配套机构,专门为不同空间作文化的打造。人们现在对空间的要求不再是以豪华的材料和独特的造型,以投入资金的多少来衡量,而是看空间设计是否有特色和品位。品位其实是文化的高境界,其中涵盖了文化的历史性、宗教性、地域性、民俗性……(A3-1-21~A3-1-26)

11．餐饮文化空间里的卫生间

卫生间是餐厅里的一个配套服务功能，为客人提供了方便。卫生间布局合理和环境幽雅，是提升餐饮业档次的一个重要因素。很多餐厅里设有多个卫生间，以满足不同区域的消费者。有为残疾人设置的专用卫生间，包间里带卫生间更为包间里的客人提供了方便。

卫生间的发展经历了一场革命，人们的观念也发生了很大的变化，由纯功能性的空间转变为一个享受的空间。卫生间已不再是以前仅给人们提供一个方便的场所，而加入了文化品位的设计理念，有的在卫生间里设置了背景音乐，有的用不同风格和流派的小品绘画装点其中、有的陈列着漂亮的装饰小品、有的是绿色植物相伴，还有功能齐备的化妆台（梳子、电吹风、护手霜、洗手液、体重秤等）。文化的概念渗透了餐饮空间的每一个角落，人们无处不感受到文化的熏陶，也能让顾客感受到企业所带来的无微不至的关怀。（A3-1-27）

A3-1-21~A3-1-26 七禧酒店餐厅的展示

A3-1-21

A3-1-22

A3-1-26 用餐区的墙上，藏域风格的壁画格外显眼

A3-1-23

A3-1-24 青花瓷的大水缸，在餐厅的前庭流淌着清澈的水，流向水池，流出了中国远古的文化

A3-1-25 门厅里的立壁上，陈列着酒坛、竹篮、土坛和一些中国风味食品等，它们展现的是中国传统的饮食文化

二、满足生产餐饮产品空间

生产餐饮产品是一个复杂的综合体，包括厨房和工作区。

1．厨房

厨房承担了餐饮产品的主要生产，正规的厨房面积约占餐厅总面积的1／3左右。在厨房里的生产工艺流程是由原料加工、生产制作、熟制阶段，继而到成品服务与销售等多个环节组成。

原料加工区域 是厨房生产的第一步，该区域包括原料进入餐厅厨房的工作，并对原料进行初步加工处理等。具体工作有验货、存货、鲜活原料活养、牲畜宰杀、蔬菜择洗、干货涨发、初加工后的切割、浆腌等等。

菜品生产制作区域 菜品生产制作是厨房的核心工作，主要包括：热菜配菜区和烹调区，主要的工作是热菜品的配份、打荷和烹调；冷菜制作与装置区，主要的工作是冷菜品的卤制、烧烤和装派；饭点制作与熟制区，主要的工作是点心的成型和熟制等岗位。该区域是设备种类和人员最为繁多的区域，所需面积最大。

菜品成品完善与出品销售区域 是介于厨房和餐厅之间的区域，它与厨房菜品生产制作区域关系密切。该区域主要是备餐间和洗碗间。

洗碗间是对碗清洗和消毒的区域。洗碗间的工作质量和效率，直接影响厨房的菜品生产，所以，洗碗间的位置应靠近厨房，才能便于清洗厨房内部使用的用具。

备菜间是对生产出来的产品确定和归类的区域，还是餐具存放的地方。备菜间里面有服务员的操作台和微波炉等。现在许多的餐厅为了提高产品的生产和服务，每一个包间都配备了备菜间，让产品更好地服务于顾客。只有把销售餐饮产品和生产餐饮产品二者完美结合，才能顺利地把企业文化展现给顾客。(A3-1-28)

2．工作区

包括餐厅管理人员的办公室，服务人员的更衣室、休息室和专用卫生间。

第二节 满足情感表达的设计原则

餐饮文化空间是通过不同的表达方式来获得情感的内涵，不同的造型、不同的色彩、不同的材质等都能流露出不同的情感。

一、不同造型表达不同的情感内涵

1．直线

直线是时代、快节奏的表现，它象征着速度感。直线造型的空间给人以端庄、率直、公正、热情、奔放的理性情感内涵。"Fractal Bar Oll"酒吧，运用直线来分割和营造整个酒

A3-1-27 卫生间的洗手台

A3-1-28 透过用餐大厅可看见明档厨房区

吧的空间。直线的不同排列同样可以带来音乐般的节奏感和韵律感，简单直率的直线空间也同样把餐饮空间的文化内涵体现得淋漓尽致，让空间充满了灵气、轻松和坦白，衬托出餐饮文化空间的高雅情趣与不凡气质。

直线是现代时尚的餐饮文化空间的主要语言。（A3-2-1、A3-2-2）

2. 弧线

弧线给人以柔和轻盈的节奏旋律，弧线造型的空间给人带来轻松愉快的情感内涵。

位于香港尖沙咀广东道海港城的"香港纷丽好莱坞"，是一个以电影为主题的餐饮文化空间，可以容纳1000人的大型就餐场所，特别引人注目的是优美的弧形，它使空间充满了柔和的热情，很富有旋律感。弧形的吧台晶莹剔透，柔得让人心醉。在天地割断之间大胆运用了富有个性的弧形，让这个虚无的空间被赋予了一种温柔的形态，它运用对立统一的规律，让轻逸的空间形态与沉重的天花板形态共同营造了一个虚实如此和谐的整体，带给人们真实的感受，同时也跟随其弧形的外轮廓线条，人们的情感视线不断地延伸，与空间默默地交流……

弧线常用于娱乐性、女性等有关的餐饮文化空间。（A3-2-3、A3-2-4）

A3-2-1 以直线为主要的语言

A3-2-2 寿司店里的直线选用有亲和力的木质，直线在空间中同样温暖

A3-2-3 顶棚的弧线映照在餐桌上使空间氛围更加有节奏感，再加上柔和的灯光体现出餐厅的浪漫情调

3. 自由造型的空间

自由造型的空间带给人以轻松愉快的情感内涵。

由赫希·贝纳联合设计公司设计的"泛太平洋横滨酒店"（Yokohama）位于日本的横滨，整个中庭的功能与一般的酒店没有什么不同，唯一不同的设计是一条金黄色的人工绸带，自由地翱翔在天棚与柱子之间，让人随着这条夸张的彩带飘向天空，使整个大厅充满活力，倍感轻松，充满了温馨和甜蜜，橘蓝色的对比，让彩带更加地突出和耀眼，感受到的是亲切友善的情感内涵。

自由造型常用于追求个性和富于艺术性的餐饮文化空间。（A3-2-5）

A3-2-4 空间中的以弧线为主要的语言

A3-2-5 泛太平洋横滨酒店

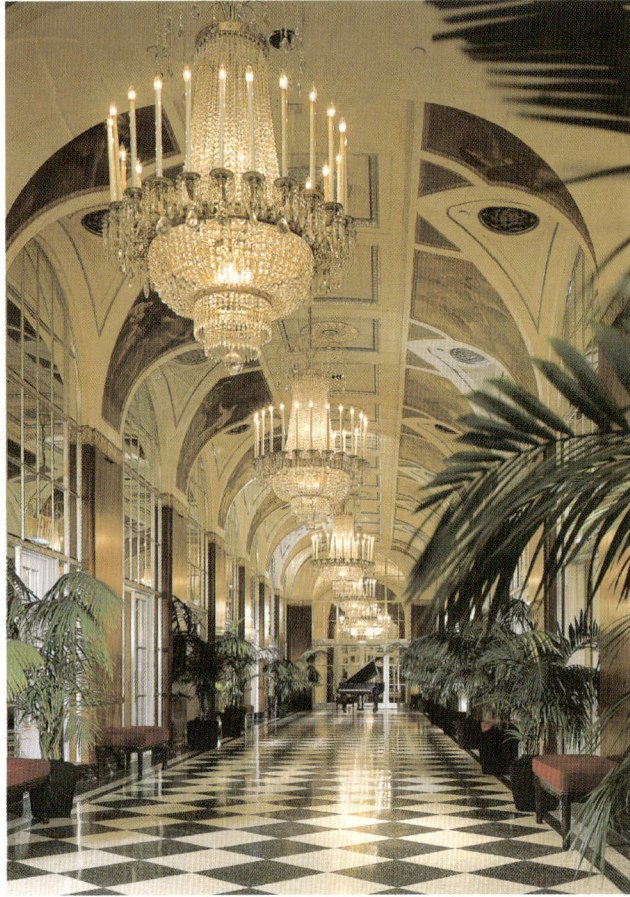

A3-2-6 沃尔多夫和阿斯托里亚酒店

4．排列有序的造型

　　排列有序的造型给人以庄重和高贵的情感内涵。

　　由肯尼斯·霍德联合设计股份有限公司设计的"沃尔多夫和阿斯托里亚酒店"位于美国的纽约，排列有序的过厅，庄重中带有贵族的气派，高高在上的圆形天花，典型的欧式落地窗为整个空间定下了高贵的基调，所以来这里的消费者多是富豪、名人和实力派人士，这是一个新古典主义的代表作品，成功地把人的情感价值在空间体现出来。

　　排列有序的造型多用于面积大和空间高的餐饮文化空间。（A3-2-6、A3-2-7）

A3-2-7 排列有序的造型运用在小空间也别有味道

5．对称造型

对称造型给人以肃然起敬的情感内涵。

由道格尔联合设计有限公司设计的"恺撒酒店古罗马商场"，位于内华达州·拉斯维加斯，沿袭了古罗马的建筑风格，采用了对称的形式让人感到古罗马时代的辉煌和霸气，生动地再现了罗马帝国帝王般的生活时光，日月轮转的天花板，使整个大厅被这斗转星移的自然规律所牵制，不可抗拒，整个空间有一种强烈的威慑力和肃然起敬的威严。

对称造型主要出现在严肃的餐饮文化空间，比如以会议为主的酒店餐饮空间，国家政府机关的餐饮空间，政治性强的餐饮空间……（A3－2－8）

6．符号的语言

符号的语言给人以最直接的信息传达。

中国传统符号有窗花、瓦当、石雕、彩绘等等，不论它由什么样的材料制作，在什么样的地方出现，给我们的情感反映是相同的——中国文化。当然我们传统中的这些符号被设计师变异了，如用不锈钢做回纹，哑光不锈钢上做中式纹样等等，但是，这些文化情感还是中国情；欧式的门窗、线条、浮雕等等，传达了西方文化……（A3－2－9～A3－2－13）

二、不同色彩有不同的情感内涵

色彩只是一种物理现象，本身并没有什么生命，但人们在生活中，对色彩形成了长期习惯性的认知。由于视觉经验的积累，视觉被色彩刺激后，人们会产生一定的情感联想，知觉也随之产生一定的呼应。此时人们的心理所引起情绪的反映，就是色彩赋予的情感内涵。

A3－2－8 恺撒酒店古罗马商场

A3－2－9 古朴的雕花柜子，笑口常开的弥勒佛，香烟飘飘的青石香炉，喜庆的对联这都是中国传统的符号

A3－2－10 传统的金属口环门把是符号

A3-2-11 传统的龙形耳饰是符号

A3-2-12 唱片是符号

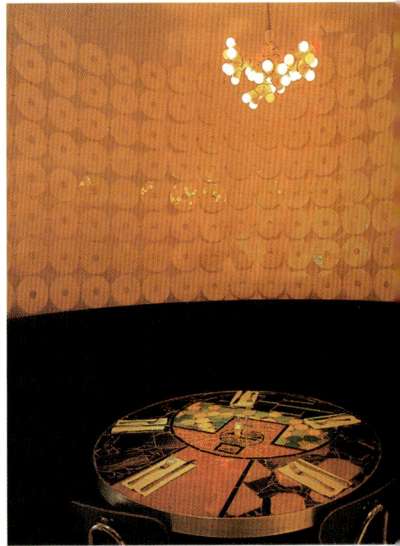

A3-2-13 CD片是符号

我们每个人都生活在色彩的世界里，五彩缤纷的色彩无时无刻不在刺激人们的感官。时间长了，人们的情感就不知不觉地同色彩联结在一起，产生各种各样的感情。正因为世界有了色彩而变得精彩。多姿多彩的色彩丰富了人们的感情世界，不同的色彩则会有不同的表情特征。色彩具有的精神价值，随时随地都在左右我们的神经和情绪，不同的色彩有不同的情感内涵。

1．红色调展现的情感内涵

红色在所有的色彩中最能激发人们的神经，加速脉搏的跳动，给视觉强烈热情的感受，但在某种情况下对有的人也会产生压抑感，出现躁动的感觉。所以红色调的空间常常是出现在欢快的娱乐场所，刺激人们最敏感的神经，在不自觉中宣泄自己的情感。

在中国，对于红色还有特殊的意义，红色是中国共产党所用旗帜的颜色，象征积极向上；为了新中国的成立多少同胞付出了血的代价。我国许多以红色为基调的餐饮文化空间取名为红色年代。红色同样也是我们国家传统的祥色，它是吉祥的象征，代表了红红火火和团团圆圆的日子。（A3-2-14、A3-2-15）

"焦点俱乐部"位于广州市沿江中路江弯商业大厦，便是利用红色特有的属性，撩拨起人们的情绪，如痴如醉地陶醉在这红色的海洋里，可以抛弃工作中的疲惫、生活中的烦恼。（A3-2-16）

2．黄色调展现的情感内涵

黄色给人以高贵、娇媚的感觉。中国一些朝代把黄色作为帝王的专用色彩，所以黄色所特有的华贵感，是其他色彩不能替代的。黄色调的餐饮文化空间还可以使人感到光明和喜悦。（A3-2-17）

"非常越"越式概念餐坊是一家越南餐厅，在餐厅的设计中运用了黄色作为主要色调。用餐时，能感受的不仅是越南的风土人情，同时还体会到强烈的越式帝王的风采，这一切的感受都来源于黄色调的高贵、妩媚与精致的造型特征，以及醇厚与尊贵的雍容气度。（A3-2-18）

3．绿色调展现的情感内涵

绿色充满了生机，是勃勃生机的象征色彩。绿色让人感到青春、健康、和平。从健康的角度讲，绿色有助于消化，促进身体的平衡。商家也利用了绿色这个独有

A3-2-14 浓重的红，喜庆、吉祥、富贵，是中国的传统色

A3-2-15 红色在中餐厅的运用

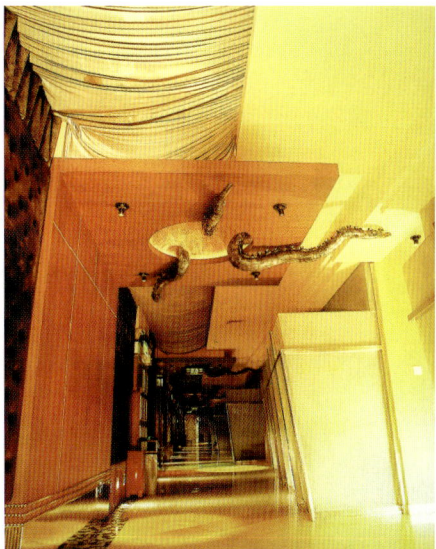

A3-2-16 　　A3-2-17 包间里以黄色为主色，与蓝色和橘色相互搭配

的健康特性，推出了许许多多的"绿色"食品和"绿色"环保餐厅。为了让绿色的概念融入人们的思想，绿色调的餐饮文化空间就带来了健康的情感内涵。（A3-2-19、A3-2-20）

位于巴西的"海洋餐厅"（是 CASAS 设计公司设计的）采用了健康柔和的绿色调，给人以清新、健康的空间感受，绿色的墙面和植物很好地营造了一个健康、和平的情感空间。（A3-2-21）

A3-2-18

A3-2-19、A3-2-20 绿色调的空间清新健康

A3-2-21

A3-2-22、A3-2-23 蓝色调的空间忧郁 　　　　　　　　　　　　　　　　　　A3-2-25 玫瑰色调的餐厅

4、蓝色调展现的情感内涵

蓝蓝的天空、波浪滔滔的大海、忧郁的情感总是与蓝色连在一起，使人感到宁静、广阔和淡淡的伤感。(A3-2-22、A3-2-23)

加利福尼亚的"滑板酒吧"(Bbakflip)，让你能从餐厅蓝色调里感受到忧伤的情感魅力，让你不自觉地触摸到自己内心的忧郁和感伤。金属网状的垂帘让本来忧伤的心情，全部留给了你，让你独享这份幽雅、宁静的情感空间。

巴西的"迪士科"舞厅，在入口大厅一条长长的廊道里，运用了蓝色的马赛克。在蓝色的纤维灯光的照射下，犹如一个变幻不定的蓝色星空，让人们在星空里探索，营造了一个勇敢别致的蓝色情感空间。（A3-2-24）

5、玫瑰色调展现的情感内涵

罗曼蒂克的玫瑰色象征着浪漫的爱情和人世间珍贵的缘分，于是玫瑰色留下的永远是耐人寻味的世间情感内涵。一束红玫瑰，除了看得见的明艳和芬芳，还有浓得化不开的情意和很多说不清道不明的东西。（A3-2-25）

葡萄牙里斯本的"力士"俱乐部，运用了高雅的玫瑰色调，传达了一种浪漫的情怀，所以被大多数情侣所喜爱。在这玫瑰色的空间里，人们的心中永远怀有玫瑰色的梦想，此时此刻纯洁的情感尽情地流淌着，直到永远。（A3-2-26）

A3-2-24 　　　　　　　　　　　　　　　　　A3-2-26

6. 橙色调展现的情感内涵

橙色让人联想到香甜、柔和的味道。

在就餐时，色彩对人们的心理造成很大的影响，餐饮空间的色彩能左右人们的情绪和食欲。橙色以及相同色系的色彩，都能刺激人们的食欲，它们不仅能给人以温馨感，而且能提高顾客的胃口，这种高昂的兴致，促进人们之间的情感交流。(A3-2-27)

三、不同材质表达不同的情感内涵

不同的装修材质具有不同情感，它们在空间的渲染中起着重要作用。质感不同的材料其效果有很大的差异，材质的多元化丰富了设计语言，创造了不同的文化感受。在创造空间时，需要大量的材料来实现我们的设想，设计师对材质的处理和选用也必须十分考究。

A3-2-27 橙色为主调，与蓝色和黄色构成空间的活跃气氛

A3-2-28 天然大理石台阶　　A3-2-29 爵士白大理石和黑金砂花岗石台阶

A3-2-30 米黄大理石门套线　　A3-2-31 花岗石机刨石和黄洞石

材料是我们表达设计理念的手段。运用不同材质的组合和技术加工，创造出不同风格，同时也带给人们不同的情感内涵。这里主要选择餐饮文化空间中常用的饰面材料，从材质的表面肌理和质地来探讨情感因素。

1. 石材表达的情感内涵

石材主要有花岗石和大理石。石材质地坚硬、耐久且厚实，沉着中透露出丰富的色彩变化，搭衬浑然天成的细腻纹理，颇能展现华丽及稳重兼备的气派质感。当然价格也贵，特别是一些进口石材价格不菲。

天然花岗石质地坚硬，纹理成点状，给人以刚毅、挺拔的感受，从而能获得坚定的情感内涵。在装修中，多以板状使用，厚度多为1.5mm、1.8mm、2mm，长宽尺寸的大小可根据设计师要求定做，可用在地面和墙面上，地面用水泥沙浆粘贴，墙面多采用干挂的方式。

常用的国产花岗石有：福建白麻、山东白麻、粉红细麻、西昌黑、中国黑、雪花红、中国红、翡翠绿、孔雀蓝、宝石蓝、冰花、树挂冰花、虎皮锈……

常用的进口花岗石有：美国白麻、美国灰麻、泰国白麻、黑金砂、巴西蓝、印度红、南非红……

天然大理石质地略为比花岗石柔软，纹理多为冰纹状，刚强中多了柔媚，给人高贵而不浮躁的感受。在装修中，同样多以板状使用，厚度多为1.5mm、1.8mm、2mm，长宽尺寸的大小可根据设计师要求定做，也可用在地面和墙面上，地面用水泥沙浆粘贴，墙面多采用干挂的方式。

常用的大理石有：雅士白、爵士白、大花白、紫罗红、橙皮红、玛瑙红、大花绿、沙安娜米黄、金花米黄、金碧辉煌、西班牙米黄、帝王米黄、洞石、埃及米黄、深啡网、浅啡网、黑白根、黑金花、木纹石……

还有许多石材加工方式，给了它们更丰富的情感，如花岗石分火烧板和光面板；花岗石和大理石都可以通过机器机刨（由于洞石大理石表面布满了小洞，所以它是不可以机刨的），图案可以自定……两种以上的花岗石和大理石也可以拼贴出不同的文化符号。(A3-2-28~A3-2-31)

2. 砖表达的情感内涵

人造地砖，可分为地砖、墙砖、腰线砖等，根据材质和制作工艺的不同，还分为釉面砖、玻化砖、通体砖、抛光砖、马赛克、仿古砖等。砖的色彩繁多，给我们提供了太多的选择余地，能更丰富地表达出餐饮文化空间的情感内涵。它虽然没有天然大理石和花岗石华贵，但是它没有色差，让空间更为流畅。两种以上色彩不同的砖也可以拼贴出不同的文化符号，传达餐饮文化。(A3-2-32)

3. 天然生成的材料

天然材料主要有文化石、水泥板、鹅卵石、防腐木板等。这类材料表现出来的是最质朴的自然属性，不进行加工处理，表露出水泥的粗糙、原木的纹理，给人带来清新、朴实、回归自然的情感内涵。所以我们常把天然材料用在风味餐厅和度假餐厅里。

天然材料的不同也给人不同的感受，如：实木材料更贴近自然，给人踏实、静心的原始情感内涵；在天然的鹅卵石中能嗅到泥土的芬芳，感受到大自然的多彩和温暖……（A3-2-33~A3-2-35）

4.木质类的材料

木质材料在餐饮文化空间里被大面积使用，木材的纹理可谓变化万千，纹理是根据不同的木质材料而变化，同时色彩也不相同。虽然木质给人总的感觉是朴实、自然，但是不同的材质也有细腻的变化、不同的情感内涵和文化感受。

现在市场上常见到的木质装饰材料主要是各种人造饰面板、实木、实木线条和拼装木地板等。饰面板的种类繁多，色彩和纹理也很多，这种材料也是我们餐饮文化空间用得最多、最广的，它们多是 120cm × 244cm × 3cm 的规格，

A3-2-33 自然的泥土芳香

A3-2-34 静心的原始情感内涵

A3-2-35 水泥板的运用

A3-2-32 红色调的马赛克和墙纸

品种有：胡桃木、樱桃木、枫木、白桦、红桦、水曲柳、白橡、红橡、柚木、花梨木、白影木、红影木等。（A3-2-36、A3-2-37）

5. 玻璃类的材料

玻璃类的材料在餐饮文化空间中用得多的有镜面、透明玻璃、聚晶石玻璃、夹丝玻璃、冰花玻璃等艺术玻璃。

镜面，用在墙面上，可以形成一个虚的空间，让空间在这虚实中结合，犹如人生中的虚虚实实，完美展现人生感受。镜面又分为银镜、车边镜、灰镜等。聚晶石玻璃和镜面的结构和施工工艺类似，它虽然没有虚拟一个空间，但是它让墙体有光泽，且让人一眼看不透，使呆滞的墙体变得有了灵气。

玻璃，可以分割空间，但是不会阻碍视觉，用透明的玻璃在大空间里分割出多个小空间时，不会让我们感觉空间变小。

一旦玻璃的面积大了，我们一定要采用强度大的钢化玻璃，它的安全性强，破裂后呈碎小钝角颗粒，不会对人造成重大伤害；它的高强度，是一般普通玻璃的 4 倍以上；它的热稳定性，能经受的温差约110°C。

艺术玻璃，品种繁多，有夹丝玻璃、冰花玻璃、压花玻璃等，玻璃的加工工艺发展令人吃惊，在这些漂亮的玻璃材料里，感受到的是晶莹剔透，水晶般的心灵净化，玻璃的折射让人眼花缭乱，刻花玻璃的精美、水晶玻璃的纯净、清玻的透明、冰花玻璃的朦胧、夹丝玻璃的华美……都给人带来不同的情感内涵。如冰花玻璃，在原片玻璃上制作成的一种形似如冰花，肌理自然朦胧；夹丝玻璃，采用PVB膜将玻璃和金属丝经过高温高压粘合起来，给人以柔和的朦胧美；压花玻璃，将白玻二次加热时，用刻有花纹的模具压出花纹，压花玻璃透光不透影，并有丰富的层次；雕刻玻璃，是在玻璃上雕刻各种图案或文字，立体感较强且厚重，又可分为通透的和不通透的；热熔玻璃，将玻璃放置在做好的造型模具上加热、软化，冷却后形成了各种凹凸不平、扭曲、拉伸、流状或气泡的效果，有种特殊的肌理感，视觉冲击力强；琉璃玻璃，将玻璃烧熔时，加入多彩的颜色，装饰效果强；玻璃砖，用玻璃做的砖，大小有 19cm × 19cm × 8cm 等，分空心和实心两种，白色空心较常见，也有艺术性强的玻璃砖……（A3-2-38～A3-2-40）

6. 金属类的材质

金属类的材质在餐饮文化空间常用的有不锈钢和亚光不锈钢，钛金和亚光钛金等。

从材料光泽中，我们能感受洁净和现代，获得轻松愉快的情感内涵。金属材质表面光滑，反射性强，从材质里透露出金属的光芒，让空间得到延伸。（A3-2-41）

A3-2-36 楼梯拐角处用白影木和黄洞石设计的装饰柜很雅致

A3-2-37 以木质材料为主的餐厅

A3-2-38 用紫色和淡绿色装饰的电梯间

A3-2-39 冰花玻璃和夹丝玻璃

A3-2-40 艺术玻璃与灯光

A3-2-41 不锈钢管被个性化采用

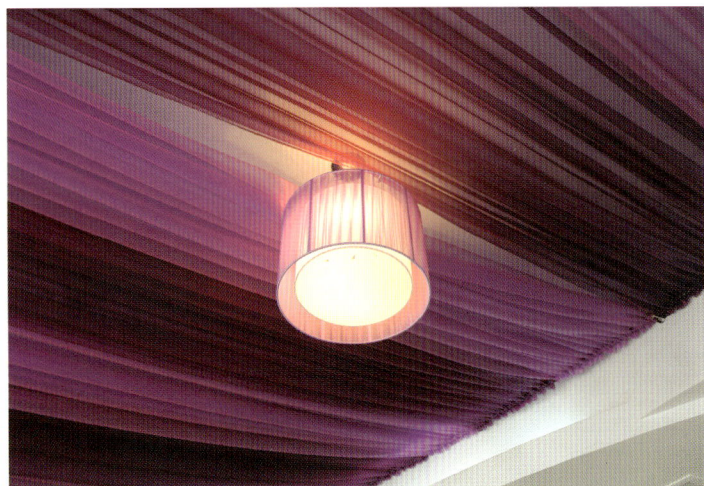

A3-2-42 紫色纱幔缠绵柔情

7. 纺织品的材质

在纺织品的材料中能体会到那无言的柔情和缠绵的温柔。丝绸的华贵、纱帘的朦胧、蜡染的朴实、缎面的高贵……这些常以挂帘、窗帘、软包等方式出现在餐饮文化空间里。

饰面材料是餐饮文化空间设计中的主要语言，设计师对材料运用的合理与否，直接影响了设计的成败。同时材料商也在不断地开发和研究新的材料，使材料得到不断的更新和发展。(A3-2-42)

第三节 满足技术要求的设计原则

一、满足材料的施工技术

由于我们的设计是通过不同的材料来表现的，材料作为设计理念的手段，不可忽略地被推到了空间表达的前沿，正是对不同材料的组合和技术加工，才创造出不同风格、不同情感表达的餐厅文化，我们要了解的材料的性能、材料的纹理、材料的成型、材料的加工、材料的搭配……在设计中所用材料必须满足其施工技术的要求。

二、满足物质环境的技术

我们的设计还要满足物质环境的技术要求，物质环境在餐厅空间设计里非常重要，包括：

1. 声音环境的技术要求

除了及时的播报信息外，声音还可以根据不同的环境模拟大自然的声音，给人带来身临其境的感觉，另外还有背景音乐都能给客人带来不同的感受。

2. 采光系统的技术要求

采光系统在餐厅设计里非常重要，光在设计上分为自然采光和人工采光（下面章节有详细的论述），如何做到很好地利用采光必须根据不同的要求来设计(请参看相关的书籍)。

3. 采暖系统的技术要求

采暖系统主要是指暖通系统，冷暖的送风系统能让客人感受到餐厅四季如春的感觉，让世界永远没有冬天寒冷和夏天炎热的烦恼，这就是通过物理环境的技术处理来改变自然环境。采暖系统的技术要求有严格的规范和要求，有专门的书籍介绍(请参看相关的书籍)。

4. 消防系统的技术要求

消防系统（包括报警系统）的技术要求主要是给客人带来安全感，在发生意外的情况下能够得到最大限度的安全保障，消防系统的技术要求非常严格，国家有明文的消防规范(请参看相关的书籍)。

以上这些都是为餐厅空间设计在营造某种气氛及舒适的物理环境而设置的。所以餐饮空间设计必须符合以上的要求。

第四节 满足独特个性的设计原则

一、餐饮文化空间的认知感和识别性

1. 定义

个性，是指一事物区别于其他事物的个别的、特殊的性质。

独特个性，是指一事物具有独一无二的，单独具有的，与众不同的个性。

2. 餐饮文化空间的认知感和识别性

独特个性是事物被人们认知和识别的重要因素，餐厅很快被顾客认知和识别，就要看餐饮文化空间是否具有独特的个性。

餐饮文化空间的独特个性包含各个方面，比如经营模式、服务形式、策划理念和设计等。就餐环境的设计尤为重要，独特个性的设计通过各种独特的设计语言，打造出有个性的文化就餐环境。这是餐厅具有明确的认知感和识别性，让餐厅的品牌在顾客心里生根发芽。（A3-4-1～A3-4-3）

二、餐饮文化空间的独特个性的设计原则

独特个性的设计原则包括两个方面：其一是空间环境必须具有独特的风格特征，其二必须引导消费者个性化的消费。

1、独特个性的风格

独特个性的风格是餐饮业取胜的重要因素。拥有独特个性的风格，餐饮业才能具有旺盛的生命力，才能健康地发展。

艺术的魅力在于其个性，反对千篇一律，餐饮文化需要富有个性的文化。人们希望在不同的环境有不同的文化共鸣，缺乏风格、个性、文化内涵的餐饮文化空间，不可能形成餐饮销售的卖点和引起人们的认可。讲究品位的人们不会去一个没有个性风格的餐厅里消费，也不会花钱去购买一个平庸、乏味的环境。餐饮文化空间设计必须"独特"，把握好顾客的心理需求，突出自己的个性特征和设计理念，要塑造出本餐厅独特个性的文化空间。

北京西单文化广场新开了一家酒吧，它的装修与众不同，银色的玻璃通道直对着滚梯，深深的、直直的，似乎一眼望不到底，顺着通道走进去，才发现整个通道四面都是玻璃制成的，从酒吧里面射出来的灯光，经过身边这么多玻璃的反射，显得银光闪闪，通体透明，走在其中，真好像科幻电影中的时光隧道，让人一时忘记身在何处。

进到酒吧里面，又是一阵惊叹，原来这就是个银色的玻璃金属世界。满眼望见的都是晶

A3-4-1   A3-4-2   A3-4-3

A3-4-1～A3-4-3 大量的白色藤编让餐厅个性突出

莹剔透的玻璃，不管是矮一些的还是高一些的酒吧椅全都是银色金属制成的。各个区域则用一面透明的玻璃分割开。顿时，一种太空般的现代感扑面而来。朗朗的笑声远远地传过来，原来在酒吧的一角还隐藏着一个电子游戏飞镖机，时不时有几个

人在那儿比试高低。

脚下的玻璃地板被擦得明亮泛光，里面安装的一个个小灯闪着柔和的光芒。外面还是闷热的夏日，可坐在金属的椅子上，触摸着冰凉

的把手，满眼是银色生辉，心里那股燥热被这冰一点一点地侵蚀掉，远离了酷热，似乎也远离了这个现实世界，让人不知不觉地沉浸在自己的无限遐思中。酒吧里材料的独特运用、灯光的独特、风格的独特……营造出了异乎寻常的空间氛围，让人久久不能忘怀。

2. 个性化的消费特征

个性化的消费特征是指引导人们的消费趋向。人们的消费心理极为复杂，如何才能激发人们的消费热情？是值得认真研究的重要问题。个性化的餐饮文化空间——主题鲜明，充满了刺激，具有相同爱好的消费者在这里找到他们共同的话题，忘我的享受个性空间带来的无穷

的魅力，并引导顾客个性化的消费需求。（A3-4-4~A3-4-7）

第五节 满足顾客目标导向的设计原则

餐饮空间设计定位一定要以市场作为依据，常被称为"上帝"的顾客是餐饮业生存和发展的依托。我们所展现给大家的餐饮文化是否受到人们的喜爱，就要看我们所设计的东西是否以顾客为导向，是否给人们提供了一个能与顾客产生共鸣的情感交流的餐饮文化环境。由于年龄不同，经历不同，爱好、地位等情感的联想也不同，所以不同的年龄、阶层、人群里要有不同的感情共鸣物，在餐厅文化空间里就是要有不同的文化氛围。

当然，不同的消费人群对产品价格有不一样的接受底线，所以我们必须把握住顾客的承受能力和心理需求，提供一个顾客在经济上和心理上都能满意的良好餐厅空间。

一、以年轻人为目标导向的人群

世界因为有了年轻人而更加精彩，他们给世界带来了活力和激情充沛的精力、敏锐的思维、积极的交往。信息时代给他们带来了广阔的视野，使他们成为思想最活跃的一个交往阶层，同时也是消费中最大的一个群体。现代生活的节奏越来越快，通过网络时尚潮流的东西更新速度也越来越快，对于年轻人来说，如果一个场所和产品不能满足自己的审美和个性的需求，那他们是绝对不会选择这样的场所和产品的。所以，针对年轻人思想活跃，餐饮空间设计定位，要突出个性、浪漫、前卫、新奇，甚至有些怪异的设计风格。为年轻人存在的餐饮空间很多，比如：80后餐饮空间、90后餐饮空间、情侣餐饮空间、白领餐饮空间等等，只有满足了新颖的环境、独特的餐饮方式、实惠的价格等要求，才能受到他们的追捧。

A3-4-4

A3-4-5

A3-4-6

A3-4-7 具有个性的天花

A3-4-4~A3-4-6 个性化的餐厅设计

The Jouney 远航咖啡屋，以航海为主题，在大厅里放置了一艘船舶。船舶的桨和流离的灯光突出了咖啡屋的个性化和时尚化文化品位。咖啡屋的文化主题就是敢于在风浪里奋进，表现年轻人生活的热情、思想的涌动和情绪的起伏，在这里每个人都会找到真实的自我。（A3-5-1～A3-5-2）

二、以中年人为目标导向的人群

中年一代，是事业有成的成功阶层，他们的生活表现为有理性的一面，针对这个群体的餐厅，餐饮文化空间必须体现这个阶层的档次和身份。针对他们的特殊性，在设计时有两个方面的因素需要考虑：其一，作为事业型的中年人，应该方便他们接洽业务和谈商务的特点，一般必须备有传真、电话等服务功能；其二，这群人都有过自己的奋斗经历和坎坷的人生，他们有怀旧的特点，要有恰到好处的怀旧情结，能让这群人产生共鸣。具有清馨雅致又有格调的餐饮文化空间才是中年人所喜爱的去处。

A3-5-1a 年轻人火热的生活热情在这里诠释出来

A3-5-1b 黄色、红色、梦幻般的黄色玻璃、黄色灯光使年轻人兴奋

A3-5-2 远航咖啡屋

坐落于美国拉斯维加斯的 Shang hai Lily 中式餐厅，是一家独具个性的商务餐厅，充满人文韵味的文化商务场所。有素净的环境、典雅的装饰风格、精致的菜系、满足商务人士高标准的用餐要求，还成功地提供了商务的功能……不断吸引众多商务人士纷至沓来。（A3-5-3、A3-5-4）

三、以老年人为目标导向的人群

老年人更注重保健菜品和健康的用餐环境，随着人们生活水平的提高，人的寿命也在延长，针对这一现象，以老年人为主要吸引对象的寿宴主题餐厅出现了，在餐饮文化空间里也成为独有的特色。设计这样的空间，主题都必须围绕长寿和吉祥、喜庆的文化内涵，如：长生不老、延年益寿、玉兔拜寿、群龙会（虾）等主题。（A3-5-5）

四、以儿童为目标导向的人群

儿童餐饮文化是一个有很大前景的餐饮空间，但一直被餐饮市场所忽略，儿童常常只能随大人就餐，是一个被动的就餐群体。儿童的消费市场目前还局限在服装、玩具和熟食品上面，这不能不说是餐饮市场的遗憾。以儿童为主题的内容有很多，比如：儿童对任何事物的好奇、对科幻的猎奇、对卡通的喜爱、对环境的互动参与……这些都能激发孩子的兴趣。（A3-5-6）

第六节　满足适应性的设计原则

一、适应性原则

餐饮文化空间离不开社会环境。社会环境是一个企业赖以生存和发展的重要条件。不同的民俗和地理环境，都将影响餐饮文化空间设计的风格，所以餐饮文化空间的设计必须满足社会的适应性原则。

餐饮文化空间的适应性原则，体现在对社会环境的依赖性上。当社会环境受到经济变化的影响、受到周边环境的影响、受到民俗民风的影响、受到民族习惯的影响、受到宗教信仰的影响、受到地理气候的影响、受到生活习惯的影响时……餐饮文化空间设计也必须随其改变，以满足社会环境的要求。

二、推陈出新原则

人们"喜新厌旧"的心理，要求餐饮文化空间设计不断推出新的理念来满足人们的这种心理需求。业主们除了经常推出新的菜品外，同时还要运用餐饮文化空间设计的灵活性来保持活力，让企业更具生命力。

有创意的餐饮文化空间设计，要经得起时间的考验，经得起人们不断变化的审美要求，

A3-5-3 美国拉斯维加斯的 Shang hai Lily 中式餐厅

A3-5-4 中年人喜欢沉稳、雅致的富有内涵的文化餐饮空间

A3-5-6 煤气厂墨西哥饭馆，以儿童卡通为主题的餐饮空间

A3-5-5 凯宾斯基龙苑中餐厅的吉祥、长寿的喜庆主题

经得起人们的批评，但是再好的文化创意空间，如果一成不变，时间长了人们总会感到厌倦、枯燥、乏味。人们对这样的空间环境不可能熟视无睹，当一个环境失去了它的文化魅力的时候，这个餐饮企业也就会随之消亡。

因此，面对众多的消费者挑剔，面对追求不断变化的批评家，设计者必须遵循餐饮文化空间设计灵活性的原则，使餐饮空间的文化常变常新。如我们可以通过陈列饰品的不断变化来适应人们视觉的变化；桌布、椅布、软装饰的更换可以达到常变常新的效果；随着季节性的变化不断推出植物的更换，使之四季都有新感觉；利用节日的促销活动，可以丰富餐饮文化的内涵。通过这些灵活的空间动态调整，使其花较少的钱，达到良好的效果，使餐饮空间更具人性化、亲和力。（A3-6-1～A3-6-3）

第七节 满足经济要求的设计原则

餐饮文化空间的实施需要有经济的保障，经济的原则性来自两个方面：一是投资必须考虑到是否必要，主要是指投资的合理性；二是投资是否能够有回报的可能，避免投资的盲目性。

餐厅投入市场的最终目的是最大限度地销售自己的产品，扩大销售额，增加利润。每位业主都希望投入最少的资金，以获得最大的赢利。就是有钱的商家也不愿意盲目地投资，无计划地投资。高档次的餐饮空间不是用昂贵来决定的，这样的话就会让餐饮空间变成一个材料的堆砌场所。是否具有文化品位的场所，是看材料是否运用恰当，是否合理表达了我们的设计思想。

第八节 满足销售与制作产品的设计原则

虽然餐饮产品要靠后台提供，但是好坏取决于产品的制作和销售。因此，除了厨师的技术和工作人员的服务素质以外，还要靠生产餐饮文化产品的人来提供，也就是要有舒适、合理的餐饮文化生产空间。

餐饮产品生产空间不仅仅是指后台作业顺利运转，包括工作人员的作业是否方便？服务线路是否合理？同时也给工作人员创造一个良好的工作环境，因为作为后台的厨房，是餐饮产品的生产和加工部分，必须满足使用要求；合理地安排生产流程，避免人流的重复穿梭，主食加工、副食加工、初加工一定要有严格的分区等。

A3-6-1

A3-6-2

A3-6-3

A3-6-1、A3-6-2、A3-6-3，展现出东方风格的热情情调

本章小结：

1．主要概念与提示

（1）餐饮文化空间设计的使用功能包括餐饮产品的销售和生产空间两个功能。

（2）销售餐饮产品空间包括餐厅外观、接待的门厅、满足产品销售的就餐大厅、儿童玩耍区、吸烟区、电话区、小卖区、展示区、卫生间等。

（3）生产餐饮产品空间包括厨房和工作区。

2．基本思考题

（1）直线、弧线、自由造型的空间、排列有序的造型、对称造型、符号的语言分别流露出怎样的情感？

（2）红色调、黄色调、绿色调、蓝色调、玫瑰色调、橙色调分别展现了什么情感内涵？

（3）餐饮文化空间中有哪些常用的饰面材料，并做详细介绍，从材质的表面肌理和质地来探讨情感因素。

3．基本训练题

（1）以第二章的基本训练题为基础，继续完善平面设计图。

（2）在确定平面图以后，做出顶棚设计图与老师沟通，并绘制成规范的顶棚图。

（3）在确定顶棚设计图后，做出立面设计草图与老师沟通，并绘制成完整和规范的立面图。

第四章 餐饮文化空间设计的创意与表现

第一节 餐饮文化空间设计主题的确立

顾客是餐饮企业的上帝。餐饮企业依赖特定的人群去生存、去发展，所以餐饮企业要以人为本。餐饮文化空间设计的中心就是要把握好"人"这个主题，它是一个"人文"的环境。设计必须把人的情感放在首位，注重人的精神活动。新时代的进步，人们更需要精神文化的寄托，个性独特的主题才能在同行中"鹤立鸡群"。

那么我们如何把握餐饮文化空间设计的主题呢？首先必须要了解餐饮文化空间设计的主题思维；餐饮文化空间设计的主题特点；餐饮文化空间设计的主题作用与价值；餐饮文化空间设计的主题类型；餐饮文化空间设计的主题更新；餐饮文化空间设计的主题来源等。

一、餐饮文化空间设计的主题含义

在信息时代的到来，通过互联网、电视、多媒体等多种传媒渠道，人们的头脑每天都被新的信息和文化所充实着、更新着，追求个性化、多元化的消费观念已形成一种风尚。创造新的主题已迫在眉睫，它是餐饮企业经营中最强有力的武器。

主题是向目标顾客群体表达的中心思想，也是餐饮企业市场定位和服务定位的一种体现，表达了企业"为什么"而存在的使命。通过一些具体的艺术形象进行传达，主题便成了整个餐饮文化空间的灵魂。一个个性鲜明的餐厅、酒吧、茶楼，只要顾客走进去就会被主题深深地感染和陶醉，表达的主题就能从空间的界面里渗透出来，从不同材料的缝隙里流溢出来，从涓涓流水般的声音里弥漫出来，随着菜香飘散在空气中，弥漫在整个餐饮文化空间的每个角落，使来自不同地方，不同爱好的人们聚集在这里，都会品味着浓浓的文化气息，享受着生活中难得的悠闲，餐饮文化空间的主题思想正是在这样的环境里闪烁着永不泯灭的人生光辉。

时间总是与故事相连，地点总是铭刻在记忆的深处，美好的故事总是留在人们的眷念里，对未来的期盼总是在人们的心里跃跃欲动。来了之后不想走，走了之后还想来，主题的魅力把人们的思维凝固在某一段时间、跟随人们到某一个地方、讲述一个难以忘怀的故事。人们正是有这些共同的爱好、相同的经历而形成许许多多多具有个性的主题素材，才演变成一种丰富的细节和值得回味的主题思想。

餐饮文化空间正是通过一系列围绕着人们感兴趣的主题思想，在众多的同行业中脱颖而出。餐饮文化产品、特色服务、独特的造型、贴切的色彩搭配都是为餐饮文化空间主题服务的，从而也形成了该场所的企业文化标志，为消费者提供了一个很好的企业识别形象和刺激消费者的消费行为。（A4-1-1、A4-1-2）

二、餐饮文化空间设计的主题思想

1．主题必须有鲜明的思想理念

充满个性和充满文化的餐饮文化空间设计必须具有鲜明的主题思想，这是一个餐饮业生存和发展的基础，鲜明的主题才能触及人们的灵魂、心灵的深处，才能引起人们心灵的震动和产生共鸣。餐饮文化空间的一切经营活动都是围绕主题来展开的，从服务人员的服装、陈列的饰品到服务的行为、背景音乐的烘托……（A4-1-3）

A4-1-1

A4-1-2

A4-1-1、A4-1-2 展示唐朝的文化，回顾唐朝的盛世，折射当代中国的昌盛景象

2．主题必须有丰富的文化内涵

文化的底蕴是餐饮企业生存的资本，丰富的文化内涵是餐饮企业生存的生命，富有深厚的文化内涵是餐饮企业发展的灵魂。

文化被商家们作为一种赢利的手段，无可逃避地推到了社会经济的前沿阵地，充当了经济社会里的主力军，文化正是以一种全新的文化观念展现在人们的面前，接受人们的评判，经受着经济的考验，承担起精神文明与物质文明的重任。

20世纪80年代余光远先生曾经说过："旅游是经济性很强的文化事业，又是文化性很强的经济事业。""经济发展的深层次是文化，文化是根，经济是叶，根深才能叶茂。"商家们应该清楚地意识到文化必须有很深的文化内涵，才是企业立足的基础。

A4-1-3 枯山水在餐厅里，使空间透露出浓郁的日本文化

文化与经济的联姻，推动了社会经济的发展，社会经济的发展又促进了文化进步，浓厚的文化内涵又为文化竞争提供了强有力的基础，人们不再希望果腹式的餐饮生活方式，也不再奢望用大鱼大肉来填满自己的空腹，更害怕的是没有精神文化的空虚、没有文化情调的乏味，没有文化内涵的回味。

人们更希望去体会一种精神的享受，这种享受就来自于很深的文化内涵。人们到餐饮文化空间里希望购买文化、消费文化、享受文化，而这种文化是"货真价实"的文化产品，可见，在餐饮业的发展过程中，文化性的竞争越来越强烈，如果只有主题思想而没有赋予文化以很深的内涵将是"死水微澜"。（A4-1-4～A4-1-7）

A4-1-4

A4-1-5

A4-1-6 以好莱坞为主题的餐厅

A4-1-7 以摩托车为主题的餐厅

A4-1-4、A4-1-5 以赛车为主题的餐厅，为赛车族提供了情感共鸣的场所

三、餐饮文化空间设计主题的作用与价值

餐饮文化空间设计主题的设定实际上是一个文化的概念的确立。说吃，传递的不仅仅是食品的信息，还要传递精神层面的东西，让人在吃的同时得到一种精神上的放松和享受。现代社会中的多数人每天都在紧张地工作。工作之余，想选择一个好的就餐环境，以解脱精神压力，舒展自己的身心，或交友或家人团聚，或生意会谈等等。餐饮文化空间的主题意义在于：

1. 有利于餐饮文化的繁荣

文化的繁荣使我们的城市变得异常的美丽。社会的大舞台需要时尚和经典，不同的文化主题让人流连。生活因为有了繁多的主题文化才变得精彩。餐饮文化空间作为文化的繁荣基地，让我们的生活更加可爱，充满活力。

餐饮文化空间设计的主题给我们古老的传统餐饮业带来了生机，同时也让我们的餐饮业有了一个更大的发展空间。千篇一律的经营理念将尘封在历史里，风光登场的是那些主题新颖的餐饮企业，当然也包括了一些优秀的名特小吃，它们也有机会展示自己的新风采，成为餐饮文化市场的亮点，为促进餐饮文化市场的繁荣起到了推动作用。

有一年我去北京时逢我的生日。在重庆老家过生日都习惯吃面条，面条寓意了长寿。一位好友带我走进了一家"面"食店。没想到，面食店里上演了一场我以前只在小说里看到过的北京情怀，这次使我亲历了一次具有浓郁老北京风韵的餐饮文化。从环境空间、服务方式到语言无不透出老北京的风土人情和饮食文化特色。这个面食店环境空间设计是传统的中式风格，店里设施透过传统的朱红色中国漆，体现出中国风格细腻和大家风范建筑形式，柱式简洁圆润，色泽朴实中透露出华贵，彩绘的横梁细腻精美，匾额楹联、屏风隔断，精美的花窗造型古雅，墙上的老照片，传统的书法，渲染出满堂的书香，身心在这一堂的雅气里得到了一次北方文化的陶冶，没想到以前流落在小摊、小店的面条如今也扬眉吐气地走入了文化的殿堂。服务行为更是让人惊讶不已，满面笑容的店小二从面店门口开始就点头向我们迎来："来了您呐，几位？""两位，里面请！"一边把我们带到就餐的桌边，一边把搭在肩上的毛巾抽下来，给客人掸掸凳子上的灰尘（其实桌椅非常清洁明亮，这种行为已上升到一种本土文化行为的再现，一种久违了的亲切感），嘴里说"您请坐"，然后又吆喝着"上茶呐"。于是一个闪闪发光的北京铜茶壶便送到了我们面前，嘴里还喊着"茶来了您呐"，在这和悦的气氛中送上了一碗热气腾腾的面条。这一系列无不体现了浓浓的京城风貌和北京的民俗文化。千百年文化历史的积淀布满了北京的每一片天空，每一寸土地，餐饮文化的灿烂和辉煌都留在了北京这座历史名城里。小小的面食餐饮文化说不上什么潮流，更不能与北京的大餐文化相提并论，但它仍然像一颗小星星一样耀眼，美得让人心醉、让人回味、让人喜爱。（A4-1-8）

2. 有利于创造企业的品牌效益

文化内涵是品牌的重要部分和有力支撑。如何打造出自己的文化品牌，推出有个性的文化，让它在人们的心里永存，是设计师一个重要的课题。品牌代表一个企业的文化层面，又标志着一个企业的成功。一个好的企业，品牌就是它的一个无形资产，是可以转换成金钱的，品牌价值的多少体现了一个企业的实力。这种价值是多方面的，既可以代表企业的经济实力，也可以代表一个企业的历史文化，表达一个企业的经营理念，还可以代表企业的市场占有率……

在芸芸众生的餐饮企业文化中，有许多成功的例子，比如"肯德基"的品牌深入到世界上各个城市里。创造了当今最庞大的快餐文化连锁的神话，其发展速度之快是令人惊讶的！纵观品牌文化，它代表了美国快餐文化的发展历史，体现出了美国人的生活方式、生活习惯、个人爱好。

"肯德基"作为世界上最大和最成功的连锁快餐企业之一，在中国的发展也是惊人的。1987年开始进入中国市场，当年在北京前门开设了第一家连锁店，此后进入了快速发展阶段，仅在短短11个月的时间里，"肯德基"就在包括中国西部的甘肃兰州、北部的黑龙江齐齐哈尔在内的众多城市中又增加到了100家连锁店，现在中国拥有肯德基餐厅最多的城市为上海和北京，在我撰写本书时分别为67家和66家。

"肯德基"餐饮文化有鲜明的美国生活方式，具有独特的个性和主题，严格统一的管理，干净优雅的用餐环境，令数以亿计在"肯德基"就餐的顾客心里留下了美好的印象和割不掉的心理依恋。"肯德基"以良好的品牌文化深入到你眼睛所能涉及的范围，它永远充满朝气、勇于挑战自己，向儿童和年轻人敞开大门，并注重对员工文化素质的培养，鼓励员工和肯德基共同成长。

提到品牌，不得不提全球最大的饮料公司可口可乐公司（Coca-Cola Company），它成立于1892年，目前总部设在美国乔治亚州亚特兰大，拥有全球48%的市场占有率。当有人问，为什么可口可乐卖得比原油贵几倍？他们反问，为什么不呢？它是一种精神能源，可口可乐永远为美利坚民族的奋进加油。"可口可乐"饮品文化品牌不仅促进了销售，它的内在价值最终表达了一种文化精神。就是让年轻人勇敢地征服与超越一切，从胜利走向胜利的精神理念，"活力永远是可口可乐"是最新的广告语。

被称为上帝的消费者，一个是"头回客"，另一个就是"回头客"。他们支撑着餐饮文化企业的一切经营和发展。餐饮文化空间设计的主题又是促成"头回客"变成"回头客"的一个

A4-1-8 莲池处于室内，清澈的水、荷花和绿绿的水草给就餐空间带来清新气息

很重要的平台，只有搭好这个平台，才可能使企业获得相对稳定的市场份额。美国经济学家雷切海得·赛士尔在《哈佛商评》的一篇文章里，有这样一句话，"对一家企业忠实的顾客，也是给这家企业带来最多利润的顾客。"好的品牌让企业拥有一批忠实的消费者，也正是企业稳定发展的保障。

3.有利于激发餐饮文化不断创新

企业未来的滚滚财富与文化主题不断创新密切相关。简单地说，今天的创新就是明天的财富，没有创造性的主题就没有企业的明天。

如果当我们看到别人成熟的餐饮文化主题照抄照搬，盲目追寻别人的主题来经营自己的餐饮业，终将导致企业的失败。应该清醒地看到，单一需求的市场环境已经过去，取而代之的是富有个性、多样性的文化产品。只有拥有了创新才有自己生存和发展的空间，人们的精神生活、文化情感不是停止不动的，所谓"变"才是永远不变的道理，任何一家餐饮业的文化主题都不可能满足所有人的文化需求。文化创新就是餐饮文化空间树立与众不同的文化主题，为消费者提供独具个性的餐饮文化观念，从而建立起自己的品牌。当我们在用文化作为主题冲锋陷阵打天下的时候，具有创新意义的主题空间将取得瓜分市场份额与销售优势的作用。

餐饮文化空间设计的主题经久不衰，其主要因素在于不断补充和更新。餐饮文化空间设计更新的意义，就是对原有企业的文化主题给予发展和更新，赋予知名企业以新的活力和文化内涵。企业只有不断变化和努力创造自己新的文化形象，否则最终会被时间所抛弃，直至枯萎死亡。

笔者为成都"快乐老家酒楼"设计的主题是以巴蜀地域文化为主题，在餐饮文化空间的设计上，其主题主要体现了川东地域人文自然景观特色为主题的设计风格，运用了青瓦白墙、老照片、大辣椒、黄玉米，运用了乡村气息

浓厚的设计风格而得到了大家的认可。走进这个火锅店，人们会回味那故乡的老树、思念家乡的吊角楼，更怀念那念念不忘的乡音，创造了一种独具怀旧情调让人看到回家快乐的故乡情怀。在发展中的"快乐老家火锅酒楼"也在不断地转变着自己的观念，推出自己的新产品"快乐老家鱼翅酒楼"，同时也创新了巴蜀文化的主题。

4．有利于引导人们个性化的消费

餐饮文化空间设计的主题价值还在于引导人们的消费趋向。人们的消费心理极为复杂，如何才能激发人们的消费热情？是值得认真研究的重要问题。进入21世纪后，消费者的需求越来越多样化，不同文化水平，不同职业，不同年龄层，不同收入水平，甚至不同性格的人都会有不同的消费倾向和需求。

个性化的消费选择会带来新奇与趣味，尤其是年轻消费者有很高的热情挑起这种差异化的消费尝试，个性化就是前卫的代名词。个性化消费是部分消费者的一种心理需求，但是他们有很强的号召力，是行业的领军者。

5．有利于促进人际交往与交流

餐饮文化空间设计的主题不仅仅是为了提供一个好的销售场所，它更重要的是体现产品与服务的内在价值——在享受美食过程中，同时提供和谐的人际交流的空间与气氛。

文化主题价值的核心——沉淀为一种文化。文化不属于生物遗传继承的全部内容，在社会的进化过程中，很多的文化是通过人们的交往，一代一代相传着，这包括思想、技术、行为模式、制度、宗教礼仪、社会风俗……文化是潜移默化的东西，是社会交流的结果。餐饮文化空间不仅起着文化的传承作用，同时也提供了人们沟通情感和交流思想的场所，真正让人们在餐饮文化空间里享受难得的一份轻松。

餐饮文化空间主题不仅能繁荣餐饮文化，同时也能促进文化的交流，文化交流需要一个空间——餐饮文化空间为交流提供一个场所。不是所有的空间都有情绪进行交流活动，交流场所应该需要一个相应的文化氛围。

餐饮文化空间为我们提供了一个寻找餐饮文化、继承餐饮文化、发扬餐饮文化、创新餐饮文化的场所，由此形成了一个餐饮文化的创新基地，从而推动了餐饮文化市场的繁荣和发展。

6．有利于改变企业员工的精神风貌

优秀的餐饮文化空间能够给员工增加工作的热情和自信，这是一个精神的能源，让一个企业精神焕发地走向辉煌，因为员工是直接面对消费者，员工的情绪直接影响消费者的激情，以至于整个消费过程能圆满地完成。

第二节 餐饮文化空间设计的风格

餐饮文化风格的形成，受到了不同时代思潮的影响，通过很长的时代变迁，才发展形成了具有代表性的餐饮文化的风格。其中的文化内涵包含了人文、宗教、艺术、文化、社会发展等因素，这里我把餐饮文化空间风格提出来讲，是希望能从风格里得到创作的启迪。

一、传统餐饮文化风格

现在有一种时髦的提法就是："激活经典，享受生活。"这是人们对传统风格的怀念，对传统文化的喜爱，东方和西方的传统风格有很大的不同。

1．东方传统餐饮文化风格

以中国为代表。而中国餐饮传统风格又体现了几个阶段：唐代的华丽，宋代的简朴，明代的清雅，清代复杂而繁多的装饰……都具有各自不同的风格特点，但传统的餐饮空间里仍然运用了我国室内藻井天棚、挂落、雀替的装饰风格，材料以木构架为主，表现出崇尚自然的特性，造型上较为精美和讲究，形成了我国的传统风格。（A4-2-1、A4-2-2）

2．西方传统餐饮文化风格

西方传统的餐饮文化风格仍然是仿罗马风格、歌特式风格、文艺复兴风格、巴洛克风格、罗可可风格。古典主义风格最具代表性，人们对这些餐饮文化风格的喜爱，更多的是希望从这些风格里去寻求历史的经典和传统文化的感受。（A4-2-3、A4-2-4）

A4-2-1 传统的耳饰、木柱、青石柱脚、青瓦屋檐在现代餐厅里突出表现

A4-2-2 传统四合院的影壁出现在餐厅进厅

A4-2-3 纯正的欧式风格餐厅　　　　A4-2-4 雅致的西餐厅　　　　　　　　　A4-2-5

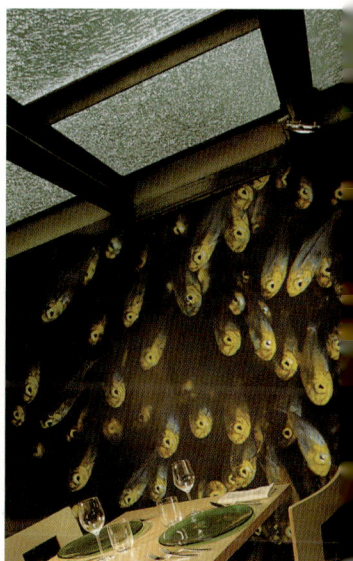

A4-2-6

A4-2-5～A4-2-7 后现代风格的餐厅

A4-2-7　A4-2-8 活灵活现的鱼儿和客人"争夺"食物

二、现代餐饮文化风格

现代餐饮文化风格起源于1919年成立的鲍豪斯学派，强调突破旧传统，创造新空间，重视功能和空间组织。现代餐饮文化风格追求时尚、体现潮流、注重餐饮文化空间的布局与使用功能的完美结合，装饰风格的特点是造型简洁新颖，具有时代感的餐饮文化空间环境，是技术与美学思想在装饰上的最大革命，同时也改变了人们对餐饮空间设计理念的改变。

三、后现代餐饮文化风格

美国在现代主义餐饮风格衰落的情况下，便逐渐形成后现代主义的餐饮文化思潮。当现代餐饮文化风格这种纯理性的空间不再是人们所需要的时候，后现代餐饮文化风格首先以一种叛逆的心态，强调历史的延续性，以人为本，讲究人情味空间，运用传统的构件抽象为一种感性与理性的新的文化风格。常用的手法就是把建筑符号，如柱、门、窗进行夸张变形，把拱券进行断裂的装饰形式，对传统风格延续和叛逆，是后现代餐饮文化风格的主要特点。（A4-2-5～A4-2-7）

四、超现实主义餐饮文化风格

这是一个比较前卫的风格流派，追求异常的空间布局，奇特的造型、浓重的色彩、变幻莫测的灯光效果、不同寻常的人体尺度，给人以失去平衡的空间感受，用空间与现实的差异性来寻求刺激，力求超越现实的空间体验。（A4-2-8）

五、自然主义餐饮文化风格

由于科技的发展，带来高节奏的生活方式，人们希望有一个能取得心理和生理平衡的空间。自然主义风格的餐饮文化空间的出现，正好迎合了人们的心理需求，推崇自然、结合自然、回归自然是自然主义倡导的原则。装饰风格的特点是使视野更加开阔，给封闭的室内空间以一种室外的情感体验，让茂密的森林、巍峨的高山、茫茫的沙漠、辽阔的平原、壮观的大海走入人们的视野……运用天然材料，体现其自然美，显示材料的自然肌理，常用木、藤、竹、石材等，创造出餐饮空间环境自然、清新、简朴具有浓厚的乡村风格。

六、简约主义餐饮文化风格

简约主义风格兴起于20世纪90年代的瑞典，把外表设计简化，强调内在的魅力。它体现在用很少的装饰营造餐饮文化空间环境，喜欢用天然环保材料，简化室内的装饰要素，让人们的思想在空间里自由地联想，让情感在空间里自由的释放。简约主义风格留给了人们更大的空间，让空间富有活力。（A4-2-9）

七、雅致主义餐饮文化风格

高雅和清高是雅致主义餐饮文化风格的特点。没有嘈杂的静谧，难得的品位，使人获得精神上的放松和温文尔雅的就餐环境，成为紧张工作之余的温馨港湾，这是雅致主义风格追求的目标。在整个空间的风格上体现了淡雅，没有过多的色彩、过多的装饰，一般以明快的格调为装饰氛围。（A4-2-10）

八、浪漫主义餐饮文化风格

热情，是浪漫主义风格的要素。以浪漫主义精神为设计出发点，赋予亲切柔和的抒情情调，追求跃动型装饰样式，以烘托宏伟、生动、热情、奔放的艺术效果。在餐饮文化空间里，浪漫主义风格追求有情调的灯光、曲线的造型、情感空间的营造等特点，使空间更加柔和、充满迷人的气氛。（A4-2-11a、A4-2-11b）

A4-2-9 简约主义风格的餐厅里没有过多的装饰

A4-2-10 高雅的就餐氛围

A4-2-11a 没有太多的直接照明，有情调的间接灯光烘托出浪漫的氛围

A4-2-11b 冷色调和暖色调让空间浪漫

九、技术至上主义餐饮文化风格

这是以高科技和体现技术流派的一个餐饮风格形式，其特点是崇尚"机械美"，表现为突出原建筑结构，没有过多的修饰和堆砌的装饰语言，包括裸露的梁板、采暖的管道、报警系统，各种管道都一览无余的展现在人们的面前，强调技术就是美的理论，在餐饮文化空间里这种风格也成了喜爱高科技人士的乐园。（A4-2-12～A4-2-14）

第三节 餐饮文化空间设计的图解思考

餐饮文化空间设计是一项充满吸引力而又极富挑战性的工作，对传统的设计观念和方法的超越，向着合理完美的目标逼近。

餐饮文化空间通过图解表达我们的设计思想。图解表现是一种视觉语言，图形作为一种媒介，通过专业的语言方式进行交流，表达设计师的设计理念。餐饮文化空间图解表现，作为设计思想的具体表达越来越受设计师们的重视，它是沟通设计师、业主、使用者之间的有效手段，从概念性的设计创意，到方案实施的图纸设计，再到建成后业主宣传策略的展示，图解表现展示出越来越重要的地位。

一幅成功的表现图，不仅要有崭新的设计概念、设计师艺术功力的修养，同时还需要有特殊的表现技法以及情感的投入，缺一不可。文化空间设计是时间和空间的艺术，表现图是工程设计和美术结合的艺术形式，所以在形式上多种多样，一般常见的图解表现手法分为：

一、写实的图解表现

写实的表现手法能给人提供一个直观、详尽、真实、全面的视觉图像，这种表现手法绘制的表现效果图容易为大众接受。能客观地反映设计里的材料、灯光、造型、色彩、体量、比例、尺度等，与实景相近似。逼真、详细地展现空间的视觉效果，这是写实图解表现手法的优点，但通常会略显呆板、生硬、烦琐、事无巨细而缺乏生动性和艺术的表现力。这种表现手法的表现多用电脑，通过 AutoCAD、3DMAX、Photoshop、VR 等制图软件绘制。今天电脑在设计领域的广泛运用，构成了写实表现手法绘制表现图的广阔的商业市场。（A4-3-1）

二、绘画性的图解表现

绘画性图解表现是绘画表现形式的一种手法，它借助绘画表现的优势，其特点是形象生动，讲求虚实、取舍，讲究光影的艺术效果，主题形象鲜明突出，给人以强烈的视觉冲击力，更具艺术品位和文化修养，但景物的形象色彩、体重、比例、尺度的感觉不及写实表现景物那样深入细致、详尽、全面和逼真。

这种形式更侧重设计师对餐饮文化空间的心灵感受，侧重设计师深层思想情感的表达，很多时候它的视觉效果更像一幅绘画作品。形式的表现图在欧洲和其他文化发达的地区已十分流行，广泛地为大家所喜爱。绘画性表现手法主要是从绘画中分离出来的，它借助许多绘画的表现手段、方法技能及技巧语言，基本上全部手工绘制完成。因此，对设计师的艺术修养、造型能力和表现技巧提出了更高的要求。它所使用的工具材料十分广泛，一般是供绘画用的水彩、水粉及绘画用的各种水、油性笔来表现。（A4-3-2～A4-3-4）

A4-2-12   A4-2-13   A4-2-14

A4-2-12～A4-2-14　液晶屏的变换图像冲击着人们的视线

A4-3-1

A4-3-2

A4-3-2～A4-3-4　手绘餐厅预想图

A4-3-3

A4-3-4

三、速写手稿式的图解表现

速写手稿式的表现生动活泼、潇洒自如、轻松随意，却用心良苦，它最初常用于记录设计师某种状态瞬间的心灵感受、思维活动，后来发展成一种艺术表现的语言形式，它的特点在于简洁明了、富有激情、线条流畅、具有很强的启发性和极大的艺术感染力，是较高层次的艺术形式。它被广泛地运用于名家手记和设计师的创作草图。它的弱点是造型表现不详细，形象刻画不具体，这是它区别于其他图解表现的特点。它所使用的工具材料十分普遍，任何一种书画、颜料、绘画工具都能适应它的需要。（A4-3-5～A4-3-8）

四、空间构想式的图解表现

这种表现不受时间、空间、视点的限制，以表述形态空间的各种组织安排意图为目的，是绘画与制图相结合的产物。它的特点是直接明了，重点部分刻画详尽、细致、平面化、比例、尺度严格，形象、色彩明确，框架结构清楚。整个画面具有绘画般的审美趣味。由于这种图解表现有跨时间、跨空间、多视觉的特征，超越了人们习惯对实景和图片要求再现真实的视觉模式。但作为向甲方表达设计师对项目的总体构想的表现形式是十分适宜的。同时也是一个项目设计在创意构想上延伸与发展的基础。因此，空间构想式图解表现，往往让大众感到繁杂和新异，它的工具材料多用硬质工具，然后再施淡彩烘托。（A4-3-9～A4-3-11）

五、艺术化的图解表现

艺术以创新为其存在的价值。艺术的形式和内容是无止境的。艺术的图解表现是一种极富观察力、主观意识极其浓厚的表现形式，它是设计师甚

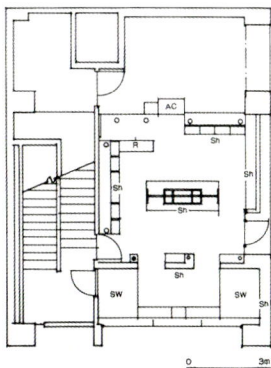

A4-3-5

A4-3-6

创意与表现

A4-3-5、A4-3-6 日本一家料理餐厅的草图设计
A4-3-7、A4-3-8 日本串舟餐厅的草图设计

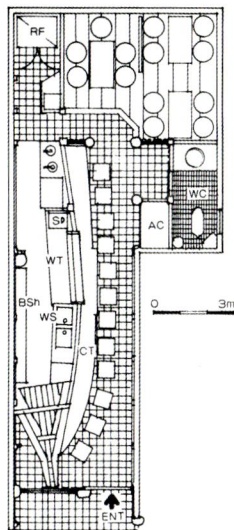

A4-3-7

A4-3-8

A4-3-9

A4-3-10

3 海棠圣景售楼处缴费室效果图

A4-3-11

A4-3-12

DECOBA

A4-4-1

至是艺术家站在艺术的角度、立场上对自己想象力和创造力加以表现的方式，是带有探索、研究性质的尝试过程。这种形式是现代意识的产物，它介于艺术作品与设计表现之间，往往更像前者，常常具有一定的思想、创作主题、表现主义倾向，而非再现景物客观形体、色彩构成的真实面貌。它与一般人的欣赏规律、认知模式相去甚远。（A4-3-12）

第四节　餐饮文化空间设计的表现方法

在创作过程中，通过草图、符号、说明文字、图形等来传达我们的设计思想。图解的作用是为了让业主加深对创造意图的理解，便于沟通、交流、展示……

一、图解传达设计思想

1．传达设计思想

包括空间与人的关系、餐饮文化空间的文脉关系、空间的整合情况、路径上的构成要素、边界关系的表达、接点的尺度等。

2．便于沟通、交流

当设计理念通过图解的方式表达出来以后，需要经过论证、检验，最好的方式就是沟通和交流，才能得到一些好的信息，通过整理得到一个最佳方案。其内容是空间的形式是否合理、使用功能是否完善、尺度关系是否正确、空间关系是否舒服……这些因素都有利于我们设计思想的深化和完善。

3．展示设计意图

让别人了解你的设计意图图解是沟通的最好途径，展示设计意图是别人了解设计思想的过程，可以选择多个方法来表达你的设计思想。（A4-4-1）

二、图解的表现方法

1．二维图解表现方法

二维设计是指设计的平面布局和立面展开图，其内容包括人们的行为方式、人流通道、消防通道、公共空间、私密空间、景点的设置……二维设计是对供应餐饮文化产品的种类、数量、服务流程、经营管理、环境设施的性质和内容、形态构成、分类与界定等合理的规划，形成可以量化的数据和图形。（A4-4-2~A4-4-7）

2．三维图解表现方法

三维设计是一个立体化的概念，通过立体化空间的再创造，使身临其境的消费者能感受到浓厚的文化气息，这种文化的陶冶来自不同材料的表达、恰当适宜的色彩、造型各异的图案、具有神奇魅力的灯光，再加上不同体量的组合、空间界面的划分、形成一个个立体化的餐饮环境，使人们从

视觉与触觉上能有轻松和舒适感。（A4-4-8、A4-4-9）

透视图图解表现方法是我们观察空间最好的图解形式，可以通过不同的观察点去审视不同角度空间，让三维空间更具体、更直观。透视图分为一点透视和二点透视，可用草图手绘图解方式，也可用电脑辅助图解方式（关于透视图的表现和绘制请参看相关书籍，在这里不作详细介绍）。

轴测图图解表现方法是用鸟瞰的图解方式来观察整个空间的布局，能有效地观察和把握空间的形式和形态。轴测图是建立在平面图的基础之上，通过角度的斜切方式找到竖向空间的形态，可以表现空间关系上的细部处理，可以用草图和电脑绘制的图解形式。

3．四维图解表现方法

四维设计是指空间的动感设计。静止的空间环境不再满足人们对空间格局的了解，随着人们对设计要求的不断提高，要求我们所表达的文化理念能具有情趣性、流动性的特点，运用有动感的设计打破静止不变的空间状态。使场景更加活跃、让景观空间更轻松有趣、能调动消费者的情绪，激发人们的热情。四维空间的设计可以为顾客带来一个全新的感受。比如：场景动画就是一种四维的图解表达方式，声光模型也是一种四维的图解表达方式。

本章小结

1．主要概念与提示

（1）餐饮文化空间设计主题的作用与价值是有利于餐饮文化的繁荣、有利于创造企业的品牌效益、有利于激发餐饮文化不断创新、有利于引导人们个性化的消费、有利于促进人际交往与交流、有利于改变企业员工的精神风貌……

（2）餐饮文化空间的风格包括传统风格（东方和西方传统风格）、现代风格、后现代风格、超现实主义风格、自然主义风格、简约主义风格、雅致主义风格、浪漫主义风格、技术至上主义风格……

2．基本思考题

叙述餐饮文化空间的风格有哪些特点？

3．综合训练题

（1）以第二、三章的基本训练题为基础，继续完善设计图。

（2）在确定设计图以后，选择一种三维图解表现方法做空间构想图与老师沟通。

（3）在确定设计图后，作出详细和完整的施工图。

A4-4-2

A4-4-3

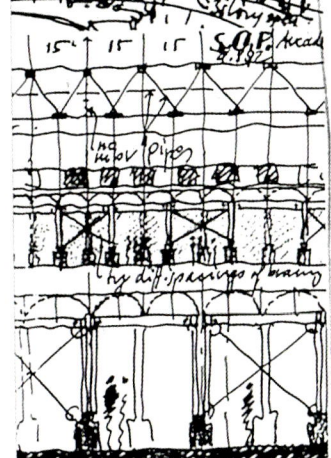
A4-4-4

A4-4-5

A4-4-6

A4-4-7

A4-4-8
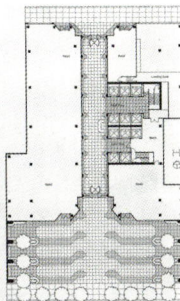

A4-4-9

第一节 "娱乐"是人类潜在的心理需求

人一生的行为和知识的获取不少是从游戏开始的，我们从自然科学和社会科学的角度来了解"娱乐"潜在的心理需求，这样可能更容易理解。

一、从自然科学的角度来理解人为什么需要娱乐

席勒是西方历史上对游戏进行专门研究的第一人，他将生命活动分成两个基本类型，其中，劳动是因物质资料缺乏而引起的生物体谋求维持生存所必须的物质资料的（谋生）活动，而游戏则是因为生命力的过剩而引起的生命体对于生命力的自我表现与自我欣赏活动。（《美育书简》见《缪灵珠美学译文集第二卷》，章安祺编订，中国人民大学出版社，1998年，第209～210页）

席勒断言：人不仅有感性冲动和形式冲动，而且有将二者协调起来的游戏冲动。"在人的各种状态下正是游戏，只有游戏，才能使人达到完美并同时发展人的双重天性。"（《美育书简》，中国文联出版公司1984年中译本，徐恒醇译，第89页）

人类的智慧和人的生理过程在长期的进化中，"娱乐"起到了重要作用。人的智慧在娱乐过程中可以锻炼其观察能力和逻辑思维能力，吸收更为广泛的知识，还可以在失败中总结经验教训。在娱乐中不仅能激发人们的兴趣爱好和发泄过剩的精力，而且还能交流人们之间的兴趣和爱好，从而获得更多的满足感和成就

感，同时在娱乐中获得更多的智慧和情感上的补偿，感受到生活的乐趣。

1. 娱乐与人的智慧

从娱乐目的来看，是为了自身的满足和社会心理治疗作用。《人类动物乐园》一书的作者摩利斯博士指出："娱乐是我们无休止地寻找刺激。或许是因为我们的神经系统比低等动物的更先进，所以要更长且更复杂的刺激才能满足我们；在这个过程中我们对这个世界探索、再探索，每一回合的娱乐就是一次探索之旅。"娱乐的目的就是我们在一次又一次的参与中实现自身的价值，得到心灵最大限度的满足感。

人们生命的极大部分作为单纯的代价在劳动场所付出了，只能以剩余精力游戏人生，他们希望快乐的兑现是简单的、直截了当的。对个人而言，休闲和娱乐、审美和游戏成了他生命更重要的方面。

从娱乐过程来看，应该是一种在娱乐中体验开心、刺激、探险……的过程，并在过程中去学习和掌握游戏的基本知识、技术、技能和规则，当游戏被大家熟悉和掌握后，还必须不断地让娱乐的形式和内容升级，人们也在娱乐中不断地学习和总结经验，所以娱乐正是在不断的变化中给人们提供新的刺激和感受，人们在不断的学习和研发中闪耀着智慧的光芒。（B1-1-1）

从娱乐内容来看，随着人类的发展而不断地扩充，其内容总是与一定历史时期的政治、经济、文化、道德、伦理水平紧密相连，还包含了人类生存与发展的人生哲理、自然科学规律……不同的领域，从原始的真人、真兽的娱乐场景，到模拟的娱乐空间，再到现在的虚拟娱乐空间，都体现了人类智慧的结晶。

从娱乐形式来看，娱乐形式的出现，最大贡献是娱乐的参与者能够最大限度地选择自己喜欢的娱乐形式，使心理得到最大的满足。在娱乐面前只有规则的约定，而没有社会地位之分。娱乐形式从视觉、听觉、触感、互动、心理、逻辑等都能涉及，种类繁多。娱乐的研发奉献了人类的智慧，参与者也分享着娱乐的快乐。（B1-1-2）

B1-1-1 酒吧的氛围开心、刺激,让人们的情绪得到释放

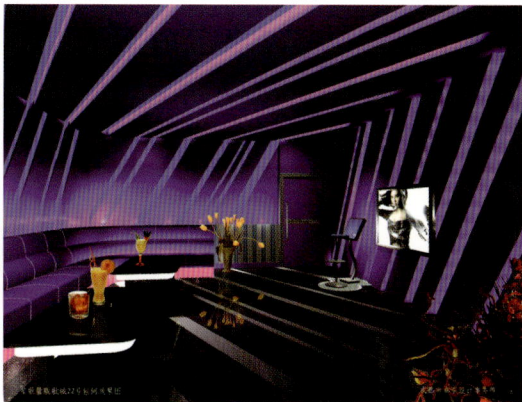

B1-1-2 量贩歌城的包间充满了节奏感

B1-1-3 让人的情绪得到宣泄

B1-1-4 灯光柔和的酒吧,让人的心灵宁静

B1-1-5 可以下棋娱乐的场所是朋友聚会的好去处

B1-1-6 自然随意的咖啡厅

2.娱乐与人的身体

人的生理过程需要娱乐来支撑，人的免疫机制从出生到死亡都是一个不断的建立和维护的过程，在这个生长、发育的过程中人们要抵抗自然灾害、身体疾病、心理疾病等许多因素，当人的生存受到诸多疾病困扰的时候，除了药物治疗还选择心理治疗来驱赶病痛的折磨，有研究表明，压抑、沮丧、郁闷常常会导致人们身体和精神上的疾病，如果不让这些情绪释放出来，人体的机能就会失去平衡，为此付出惨痛的代价，甚至生命。

娱乐是调节身心的一副良药，不仅有治疗和调节的作用，而且还可以避免身体和精神上的疾病。人们在娱乐的过程中能够增强身体的免疫力，刺激大脑、振奋精神，使身体和心理得到平衡，娱乐作为人类积极维护自身健康的活动，它表达了人的生存价值：健康、快乐、豁达、接纳、平等……人们总是希望带着喜悦心情而愉快地生活，所以娱乐能最大限度地鼓舞我们生存的欲望，让生命变得更有意义。

由此可见，娱乐对于我们人类的健康是多么的重要，当我们面对工作的压力时，娱乐带来的是减压和放松；当我们高兴的时候，需要娱乐来与大家分享；当我们失意的时候，娱乐带来的是身心的修复。所以，人的心理和生理都需要娱乐。(B1-1-3~B1-1-6)

二、从社会科学的角度来理解娱乐文化的重要性

1.娱乐文化对科学技术发展具有激发与推动作用

人类社会发展的历史表明，娱乐文化推动了社会的进步并促进社会经济的发展，人们正享受着社会进步的成果。计划经济向市场经济转变、农业经济工业经济向知识经济转变，人们的生产方式和生活方式也在不断地变化和提高，人们以不同的娱乐形式来提高自己的生活质量，通过娱乐活动来消除大脑的疲劳，使疲惫的身心得到放松，以便让人们恢复体力，有充沛的精力投入到工作中去。有许多发明创造的灵感产生于娱乐休闲之中，在娱乐活动中得到启迪。

如：伟大的物理学家、天文学家和数学家，经典力学体系的奠基人牛顿（Isaac Newton，1643～1727），他在休闲的时候看见苹果落地，发明了万有引力定律而创立了科学的天文学。由于认识了力的本性而创立了科学的力学。

又如：古希腊哲学家、数学家、物理学家、科学家阿基米得（公元前287年～公元前212

年)，为了检测出皇冠含金量的真假，苦思了几天，吃不下饭睡不好觉，怎么也算不出来。有一天，他在洗澡的时候发现，当他坐进浴盆里时有许多水溢出来，这使得他想到：溢出来的水的体积正好应该等于他身体的体积。他光着身体就跑了出去，边跑边喊"尤里卡！尤里卡"（希腊语：发现了）。可别小看这次洗浴，现代世界上最著名的发明博览会就是以"尤里卡"命名的。后来阿基米得将这个发现进一步总结出浮力理论，并写在他的《浮体论》著作里，也就是：物体在流体中所受的浮力，等于物体所排开的流体的重量。阿基米得为流体静力学建立了基本的原理。所以娱乐和工作在价值上是等价的关系，在社会进步和发展中起到了重要的作用。

2. 娱乐文化给人生带来了乐趣

娱乐生活带来的积极的社会意义，其实就是凸显美好的人生意义。在文明社会的发展中娱乐文化是衡量一个国家综合国力水平高低的标志，是社会文明程度的尺码，是社会进步的一种体现。从社会学的角度讲，娱乐行为与为生存而工作的行为成相反，衡量一个国家是否发达和文明程度高低，就是看这个国家人们工作的时间长短、报酬的高低、娱乐的需求，从而成为体现一个国家人们生活质量高低的标准。人们生活追求的最高境界是"无忧无虑"美好生活的价值观，不需要成天为生存而操劳，有足够的时间和金钱去享受丰富多彩的娱乐生活。

我国与西方的娱乐休闲观有很大的差异，体现在诸多方面：

我国是一个崇尚礼仪人伦的国家，很多人都把幸福寄托在人的后半生，比如：到年老的时候能看到儿孙满堂，享受天伦之乐，为的是自己的生命能得到延续，认为这样才无愧于家族的荣耀。又如"养儿防老"的理论，可能是数千年的小农经济模式形成的，因为过去没有社会保险，认为有了子孙后代老了才有依托。于是把所有的劳动成果和积累都投入到养育子女和抗风险中去，心甘情愿地牺牲所有的时间和身体健康，去创造"人生价值"。

这些人不理解娱乐的意义，也无心参加娱乐活动。他们认识不到娱乐的人生价值，甚至认为"及时行乐"是一种消极的、颓废的人生态度。还有第三种人就是那些拜金主义者，成

天做着发财梦，拼命追求金钱，以为有了足够的财富和金钱可光宗耀祖，也才可以显示自己的地位和受到人们的尊重。这些人是不愿意把时间花在休闲娱乐上去的，以上几种人都是因为传统不健康的生活观念的影响而失去了快乐。这样生活值得吗？不言而喻，是缺乏对娱乐休闲的正确认识的，因此，我们应该积极地引导人们健康、文明、科学地娱乐，这样才能使人生更加完整。

西方的社会对休闲娱乐的认识与中国社会完全不同，他们认为，娱乐和为生存劳动是成正比的。娱乐是生活的重要组成部分，金钱的多少不是衡量一个人追求美好生活的唯一目标。德国前总理经济学家路德维希·艾哈德在《来自竞争的繁荣》里提出了"要更多的金钱，还是要更多的休闲时间"，为德国的休闲娱乐经济的发展提出了新的要求，同时也为德国人民的生活带来了全新的生活理念——人们需要的是无忧无虑的生活，不再为需求和劳动所困的生活。在西方，娱乐不仅看成是缓解生活压力，同时也被看成是美好生活的一个组成部分，所以，在西方休闲娱乐是生活价值中不可缺少的内容，是每个人都应该享受的权利。(B1-1-7)

3. 娱乐文化对社会经济具有推动的作用

在美国，文化产业对经济的作用可与军事工业相比，约占美国总出口额的13%。据统计，从1996年到2001年，美国媒体娱乐产业增长率高达6.5%，而同期美国经济增长率平均为3.6%。2002年，美国娱乐产业出口880亿美元，是第一大出口行业(Bizminer，2005)。一部《泰坦尼克号》创造了20亿美元的收入，美国400家最富有的公司有72家是文化企业，在美国的出口总值中音像业仅次于航天工业，成为第二大产业。美国体育经济收入已超过石油工业与证券交易的总和……

根据英国等西方发达国家以及日韩和港台通常所采用的定

B1-1-7 宾馆为客人准备的健身场所

B1-1-8　女人吧为女人提供了她们之间交谈私密化的地方

B1-1-9　电影院里的放映厅

义，创意产业是"那些依个人创意、技能和天才，通过挖掘和开发智力财产以创造财富和就业机会的活动"。根据这个定义，创意产业包括广告、建筑、美术和古董交易、手工艺、设计、时尚、电影、互动休闲软件、音乐、表演艺术、出版、软件，以及电视、广播等诸多部门。创意产业就是娱乐业里的重要部分，它时时刻刻丰富、美化和娱乐着我们的生活。

文化产业是新世纪最有前途的产业。近20年来，发达国家在文化产业领域里创造了一系列令世人瞩目的成就，文化产业在众多产业中后来居上，涌现出了大批实力强劲的大企业，是增长最快的产业。

新中国成立后，尤其是改革开放以来，打破了束缚人们的旧制度，改变了人们的旧观念，娱乐文化得到迅速发展，旅游业、娱乐业，像雨后春笋蓬勃发展，娱乐文化成了国家经济发展和人民幸福生活的重要组成部分。娱乐业得到重视，娱乐业的从业人员得到尊重和爱戴。（B1-1-8～B1-1-10）

B1-1-10　尚文书吧室内

第二节　中国娱乐文化的发展历程

娱乐文化发展的历史是随着人类的文明进步、岁月的流逝、社会的发展、王朝的更替及习俗的变迁而变化发展的。许多曾盛极一时的娱乐项目，逐渐为不同历史时期的娱乐文化所代替，新的娱乐类型不断地出现。人们在娱乐中不断创造，并把娱乐推向前进。因此娱乐的种类和范畴也更加广泛，娱乐的形式更加多样和丰富。我们从社会文明的角度，能够看到娱乐文化的兴起和成长历程。

在中国古代，其实没有娱乐的说法，当时就是一种游戏，游戏就是古代人们的娱乐形式，也是娱乐的前身。游戏一词包含了两层含义："游"和"戏"，"游"从道家的角度来讲，多指一种人的境界，游走、游逛、观赏等逍遥的自由自在的心境，注重人的内心感受和体验。"戏"是一种态度，有玩耍、嘲弄、玩笑、杂耍等。游戏可以简单地理解为自由自在地玩耍。

一、古代的娱乐文化

原始的娱乐活动，主要是以原始群和血缘家族为单位来进行的。人们希望建立起自己稳定的生产和生活，原始的娱乐形式也是在这样的背景下产生的。大多数的原始民族都需要举行成人礼。成人礼是通过格斗、狩猎、劳动等形式来完成，这是最早的娱乐形式之一。

弓箭的产生成为狩猎和战争的锐利武器。射术的练习，是古人重要的娱乐活动。在古代其他的娱乐形式常表现为尖叫、追逐、投掷、跳跃等活动形式。狩猎活动中的尖叫是必须的功课，体现人的方位和诱惑猎物，追逐者增加奔跑能力和躲避自然灾害，投掷是练习获取猎物的方式，跳跃是练习生存的技能……一切娱乐形式都是为了生存的需要。

中国古代体育史上，留下了许多动人的故事，比如"夸父逐日"、"逾高绝远"等等，这些都是反映当时"娱乐"活动的一些故事和传说。

二、商周时期的娱乐文化

由于商周时期战争频繁，娱乐像战争的影子跟随其后。自从有了战争，就有了娱乐的雏形，其目的是为了强身健体。强兵练武的体育活动方式，如御术、射箭、武艺、摔跤、奔跑、马球等，都是为战争做准备，属于军事体育娱乐活动。

御术，就是驾驶马车的技术。战争时期的商周，驾驶马车征战成为战争的主要交通工具，驾驶技能也得到了提高，在休战的时候，还增加了赛车的娱乐项目，把娱乐与战争结合在一起。在这个时期的娱乐主要是以体育为主的武士教育。战车普遍用于战争，到了西周，御术与射术同被列为"六艺"的主要内容（"六艺"，即礼、乐、射、御、书、数，是中国先秦时期的主要教育内容，其中"射"就是射箭，"御"就是驾驶马车）。

射术，就是射箭的技术，它被纳入比赛的内容，在商周时期就非常流行，当时的孔子、荀子以及墨子不仅是射箭爱好者，同时也鼓励学生射箭。随着青铜工具的出现，石箭头开始向青铜箭头发展。射箭也随之扩大了内涵，制定了"射礼"。礼仪的形式有祭奠、朝拜、外交等，在古代被称为：大射、宾射、燕射、乡射。射箭成为当时的一种实用并与娱乐紧密结合的文化礼仪。

三、春秋战国时期的娱乐文化

春秋战国是我国奴隶社会向封建社会历史性的大转变时期，这个时期经历了549年。这一时期战争频繁，诸侯称霸，列国之间长期混战，为了称雄争霸，十分崇尚武功，这就使春秋战国时期的体育得到了进一步的发展。

春秋战国时期，经济逐渐繁荣，人们的价值观念、道德标准和娱乐文化发生了很大的变化。此时，出现的诸子百家也推动了娱乐的发展。如孔子、荀子提出了运动与体育的结合，运动使人健康。通过教育来传授礼、乐、射、御、书、数六艺，于是丰富多彩的娱乐活动相继出现，民间到处都能见到吹竽、斗鸡、走狗、鼓箫等娱乐形式。蹴鞠在这一时期已开始出现，秋千由山戎这个北方的少数民族传入，飞鸢（放风筝）在民间流行。为了纪念楚国的爱国诗人屈原在公元前278年投汨罗江而死，人们每年在端午节举行龙舟竞渡。这种活动流传至今……这些娱乐活动对抗性不强，是讲究技巧的运动。

四、秦汉时期的娱乐文化

秦汉时期，我国已建立并逐渐巩固了中央集权的封建社会，在继承春秋战国的娱乐文化形式的同时，娱乐的规模不断地扩大，新的娱乐形式也不断产生。正月十五元宵节观灯的风俗，就是始于汉代。角抵戏开始兴盛，具有较为稳定的表演形式。汉代蹴鞠得到了发展。一个叫李尤的，他曾经写过一首诗，叫《鞠城铭》，他把蹴鞠的规则以及裁判、比赛当中要遵守的道德规范翔实地记录下来，他说比赛双方各设六个球门，而且各有六个守门员，还有正副裁判。

歌舞在秦汉时期非常盛行，这与汉高祖刘邦非常喜爱楚地民间歌舞是分不开的。如：他最宠爱的戚夫人，善"楚舞"和"翘袖折腰"舞；在平定三秦时，每次战争取胜时都必须击鼓歌舞，以示庆祝；交谊舞在秦汉时期已开始出现了，它作为礼仪性的社交舞蹈，当时称为"以舞相属"。宴会中有的主人先舞再邀请客人舞，这是汉代的一种社交娱乐活动。

五、唐代时期的娱乐文化

唐代是中国历史上的鼎盛时期，繁荣的政治和经济文化成就了娱乐文化的繁荣。那时的娱乐形式更加多元化，各种文艺、体育、娱乐成为当时人们生活中不可缺少的内容。民间崇尚竞技娱乐项目，如：马球从宫廷走向民间，当时击马球极为盛行，赛龙舟普及到了大江南北。从出土的唐代陶俑、杂耍俑和舞马俑中我们看到了当时说唱、杂耍和舞马盛行的状况；从唐三彩中有逗笑的胡人俑让我们了解到当时吹奏、杂耍、逗笑、歌舞的不同娱乐形式。

B1-2-1 战国时期角抵图铜饰牌，画面描绘的是在茂密的林木中进行的一场角抵比赛

在唐代，女子的地位有了一定的提高。如：蹴鞠、踏球等项目许多妇女也参加了进来，其打法是在宽广平整的球场上，参加者分为两队进行比赛，球场上设有球门，出场者一人骑一马，手持一杖，共争一球，以入门为得筹，以得筹多少定赢输。在唐代的宫廷、京都及各大城市都能见到马球场。蹴鞠的军事意义逐渐地退居次要，更体现了其娱乐功能。

（注：蹴鞠的球是皮革做成的球，也是由毛发填充的实心

鞠，发展为用动物膀胱充气的空心鞠。这种鞠以充气囊作胆，外面再包八片皮革做成的球皮。这样一来，蹴鞠开始向高空发展，并出现了多种趣味性的娱乐踢法。）

唐代棋类活动有围棋、象棋、弹棋等，当时总称为"棋戏"，其中以围棋最盛。娱乐规则更加规范和理性。在唐代出现了关于娱乐的相关书籍，如围棋高手王积薪就写了关于围棋的《围棋十诀》。

六、宋代时期的娱乐文化

B1-2-2 女子蹴鞠

宋代的娱乐普及到了民间，使娱乐文化得到了全面推广。娱乐形式也走向通俗化，游戏规则也简单易懂，使参与娱乐的人容易接受，所以在宋代娱乐性的节目尤其是娱乐性的小节目非常普及。

宋代娱乐性的表演出现在不同的娱乐场所，商业性的娱乐演出，推动了娱乐行业的发展。如北宋时期水上秋千的表演出现在金明池的船上，在当时非常受欢迎。

南宋时，人们热爱的另一项勇敢者的运动是在钱塘江大潮时迎浪游泳，体现了人们与自然搏斗的勇气。武术逐步从军事技术中分化出来，成为具有健身和表演性的项目；第一本介绍斗蟋蟀的书——南宋宰相贾似道编写的《促织经》，更加规范了蟋蟀娱乐的规则和形式。

七、元代时期的娱乐文化

元代是由蒙古族建立起来的庞大王朝，是中国历史上第一个在全国范围内建立起来的以少数民族统治者为主的政权。元代实现了中国大地的统一，结束了祖国南北分离的局面，使许多边疆地区归属中央政权管辖之下。元代在政治上仍然是中央集权的官僚制度，占有统治地位。从文化生活来说，儒家学说仍是思想的主流。经济的繁荣为大众娱乐的形成和发展提供了可能和经济支持。由于元代南北地域的差异，这些都对元代的文化产生了深刻的影响。《马可·波罗行记》里详细描述了元代丰富多彩的娱乐生活，从西方人的角度来看东方的文化，同时也改变了西方人对中国人的认识，沿街叫卖的小贩提供了各种风味的小吃和其他多方面的服务，使人们在游戏、购物中，享受着生活的乐趣，感受着都市生活的便捷和生活的丰富多彩。

元代，出现了一种长跑比赛叫"贵由赤"。"贵由赤"是蒙古语，就是快行者的意思。当时"贵由赤"比赛是这么一种方式：元大都，就是今北京一个点；元上都，就是内蒙古一个点，二者之间的距离是180里，赛跑是两个地点同时进行，实际上就是现在的马拉松比赛。

八、明清时期的娱乐文化

明清时期科学文化发展，社会相对稳定，娱乐文化仍然沿着自身的轨道缓慢发展着。明清时期人们追求长寿、身体训练、技能培养等方面都留下了丰富的实践经验与精辟的理论概括。人们普遍重文轻武，削弱了许多对抗性的娱乐活动。清代时期由于满族人入住中原，把少数民族的射箭活动也带入中原，射箭得到了更广泛的开展。康熙六十一年（1722年），曾经将"木兰秋狝"定为恒制，把承德作为涉猎的一个重要活动场所。

九、近现代时期的娱乐文化

20世纪上半叶，由于现代文化启蒙和民族救亡任务的异常重要、艰巨与紧迫，娱乐在审美文化中自然处在次要的、被抑制的地位，理性沉思精神和非娱乐化传统成为这个时期审美文化的主流。

从70年代末期起，复苏的精英文化在审美文化中占据着主导地位，把精英知识界所构想的审美、诗意启蒙任务作为审美文化的根本使命。虽然不可避免的体现有某种娱乐性，但娱乐仍然被当作社会批判和文化反思的必要手段。

进入90年代以来，在计划经济体制向市场经济体制转化的新形势下，消费社会的来临，市民阶层产生，理性沉思型为主导的审美文化出现了裂变，在大众文化、主流文化和精英文化这种一分为三的新的审美文化格局中，娱乐文化勃然兴起，成为一种消费和产业。

在当今，娱乐已成为大众文化、主流文化和精英文化共同拥有的一种显著特征。

在日常生活领域，随着休闲方式的日常化，娱乐成为人们实际生活的一种新"时尚"。快适和轻松的享受成为日常生活的本来面目，家居生活、商场购物、上班、旅行等，都可以处处遭遇无所不在的娱乐氛围，表明中国正在出现审美化、娱乐化的趋势。

我们正在面对娱乐文化，正置身于以娱乐文化面貌出现的审美文化潮流之中，在告别长期"政治化"倾向以后，在经历长期的娱乐渴望和呼唤后，娱乐文化已置身于重要的地位。

随着我国社会主义市场经济的深入发展，人民生活水平的不断提高，休闲娱乐时间的增多，娱乐市场将为不断满足人民群众娱乐生活需求而扩大。同时，娱乐场所作为我国社会主义精神文明建设的一个重要阵地，将在我国两个文明建设中发挥重要的作用。

第三节 娱乐文化空间的概念与定义

文化产业是在全球化的消费社会背景中发展起来的一门新兴产业，被公认为21世纪全球经济一体化的"朝阳产业"和"黄金产业"。娱乐文化是一种大众文化，在文化产业中占最大

B1-3-1 KTV 歌城成为中国百姓生活中主要的娱乐场所之一

B1-3-2 喝茶是我们中华民族传统的休闲活动

的比例，带动着文化经济的发展和繁荣。

一． 概念与定义

学习娱乐文化空间设计必须了解它的基本概念与定义：什么是娱乐？什么是娱乐空间？什么是娱乐文化产业？什么是娱乐产品？

1．什么是娱乐

娱乐就是工作以外的休闲活动。娱乐是通过一定的形式让参与者感受娱乐带来的喜怒哀乐，或者分享他人的技巧和喜悦，并从中获得身心的愉悦和启发，从广义上讲，娱乐包含了悲喜剧、各种比赛和游戏、音乐舞蹈表演和欣赏等等。（B1-3-1、B1-3-2）

2．什么是娱乐空间

新《条例》出台后，娱乐场所概念是指以营利为目的，向社会开放，消费者自娱自乐的场所。娱乐场是人们在繁忙的工作和劳动之余完全放松自己身心的地方，在现代人消费观念、思想品位、文化素养、道德规范均有很大提高的今天，能够给人们提供抒发感情、快乐消遣、愉悦身心的空间。

3．什么是娱乐文化产业

为提升人类生活尤其是精神生活的品质，而提供的一切可以进行商品交易的生产服务，都可以称为娱乐文化产业。

4．什么是娱乐产品

娱乐产业的一切产品（包括物质、知识、技能、教育、娱乐、服务与精神的消费等产品），都具有提升人类生活尤其是精神生活品质的特性。

二、文化及相关产业的分类

2004年，国家统计局与中宣部共同研究制定的《文化及相关产业分类》指出：为社会公众提供文化、娱乐产品和服务的活动，以及与这些活动有关联的活动的集合。

为社会公众提供的实物形态文化产品的娱乐产品的活动，如书籍、报纸、制作、发行。

为社会公众提供可参与和选择的文化服务和娱乐服务，如广播电视服务、文艺表演服务。

提供文化管理和研究等服务，如文物和文化遗产保护、图书馆服务、文化社会团体活动等。

提供文化、娱乐产品必需的设备、材料的生产和销售活动，如印刷设备、文具等生产经营活动。

与文化、娱乐相关的其他活动，如工艺美术、设计等活动。

第四节 文化空间设计的基本类型

随着人们生活水平的提高，娱乐文化的类型也朝多样化、

B1-4-1

B1-4-2

B1-4-1 、B1-4-2 茅台酒厂的中国酒文化馆

规模化和综合化的方向发展，娱乐的形式也在不断地变化和发展，娱乐文化空间设计的基本类型从商业经营的角度分为两大类：社会公益性娱乐类型和消费性娱乐类型。

一、社会公益性娱乐类型

1．文化馆类型

文化馆类型是属于政府文化事业机构和社会公共福利机构，主要是进行文化的宣传和娱乐文化的普及，属于大众娱乐文化，包括：文化馆、社区娱乐文化室、群众艺术馆等类型。（B1-4-1 、B1-4-2）

2．俱乐部类型

俱乐部是地区、企业单位、事业单位、工会等组织的文化福利娱乐类型，如文化宫、少年宫、活动中心、文化交流中心等属俱乐部。

二、消费性娱乐类型

以赢利为目的的娱乐类型，包括专营娱乐类型、游乐娱乐类型、商业娱乐类型、其他娱乐类型等。

1．专营娱乐类型

是指专门从事流行性娱乐，并以经营为主要目的的娱乐产业，提供消费性娱乐的服务行业。如：KTV 歌厅、酒吧、夜总会、咖啡厅等。

（1）KTV 歌厅

KTV 歌厅是一个自娱自乐的娱乐类型，通过唱歌来宣泄情感。KTV 歌厅分为量贩式、主题 KTV、商务 KTV 等不同类型。

量贩式 KTV，以优惠的价格优势投放市场，得到消费者的喜欢，在流程的设计上与其他的类型不尽相同，"量贩"的意思就是产品价廉、产品量多、出口快捷等，歌城以量贩的形式经营，就要求空间的功能流程流畅，有便于管理的明确分区。从入口到消费场所，到结账都应该体现便捷的服务。灯光效果刺激、时尚、让人情感尽快地得到转变，这些都是它的特点。（B1-4-3～B1-4-5）

B1-4-3

B1-4-4

B1-4-5 笙歌量贩KTV歌城的大包间

B1-4-3、B1-4-4 笙歌量贩KTV歌城红色基调的通道

B1-4-6 主题KTV景立歌城的一层进厅

B1-4-7 主题KTV景立歌城的包间过道

B1-4-8 酒吧的吧台一角

主题KTV，是目前大家喜欢的自娱自乐的形式，以融入主题的概念为特点，形成一个明确的企业文化，提升KTV的文化价值。从经营的角度来看，把文化作为经营的背景，扩展品牌效益，同时也从人的精神角度来研究娱乐的内涵，它不仅在主题空间里得到情感的宣泄，更多地给人以情感的寄托和得到一次文化的洗礼，从而提高KTV的品位和档次，被一部分高消费的人群所喜爱。（B1-4-6、B1-4-7）

商务KTV，它的兴起已受到大家的欢迎，商务KTV满足了部分商业交往的人群，与主题KTV有一个共同的特点，既注重品位和文化，也注重娱乐内涵，所不同的是在空间里增加了商务会所、商务交往等服务功能。空间明快、健康，对坐椅的形式非常考究、室内声光和色彩环境都有极高的要求。

（2）酒吧

酒吧以酒为媒介，延展不同的娱乐形式，有酒与歌舞相结合、酒与体育相结合（如：设置飞标、台球、提毽子……）、各种形式的赌酒娱乐形式。人们把自己的情感都宣泄在酒里，体会酒带来情感完全的释放和惬意。（B1-4-8、B1-4-9）

（3）夜总会

夜总会分大厅和包间，大厅的主要功能是以载歌载舞的形式出现，通过表演者与观看者之间互动的形式，激活人们的兴奋点，让情感在空间里得到完全的释放。夜总会的包间与KTV歌厅的形式相似，以唱歌为主要形式。（B1-4-10）

B1-4-9 自然田野味浓郁的啤酒馆

B1-4-10 会所里的夜总会

B1-4-11 两江口咖啡厅

B1-4-12 水榭花都会所的茶房大厅

B1-4-13 办公大厦里的商务茶楼

（4）咖啡厅

咖啡厅也是独立经营的娱乐形式，它提供给人们一个交流、聊天、阅读、上网等安静的场所，它销售的产品是以饮品为主，如咖啡、茶水、饮料、酒等，还提供一些简单的餐点，如炒饭、面条、水果沙拉等简单快捷的中餐和西餐。它是交友聊天和商务活动的好去处。（B1-4-11）

（5）茶楼

茶楼是为人们提供饮茶、休闲、棋牌的场所，是为人们提供社会交往的公共空间。提供人们舒解压力的一个好去处，提供人们会聚亲朋、进行商务会谈的公共空间。茶楼成为一个城市展示其文化特色与风格的窗口，还承担了发扬与展示茶文化的责任，茶艺表演成为茶楼营销中的卖点。（B1-4-12~B1-4-14a）

2．体育娱乐类型

体育与娱乐的联姻在西方国家非常普及，我们国家也有很长的发展历史，在快乐中锻炼身体，在锻炼中感受快乐。体育类娱乐类型包括健身俱乐部、保龄球馆、高尔夫俱乐部、网球俱乐部等娱乐类型。（B1-4-14b）

（1）健身俱乐部

健身俱乐部属于大众化的业余体育锻炼，它是为了满足人们强身健体的愿望而出现的，包括健康咨询、训练指导和计划安排。空间由健身器材、健美操活动场地、接待、保健咨询、更衣洗浴（有的还提供桑拿浴、蒸汽浴、按摩等特种健身洗浴设备）、小吃等其他经营服务空间。（B1-4-15）

（2）保龄球馆

保龄球馆是都市里时尚的健身娱乐类型，由于保龄球要求场馆大和设备好，所以保龄球的消费也比较高，保龄球馆作为城市里高档的健身娱乐活动，随着人们的生活水平和精神文化生活的不断提高，这项运动被人们所喜爱，以保龄球馆为中心，常常配有咖啡厅、桌球中心等多功能娱乐项目。保龄球的场馆采用国际标准的十瓶制，由机房、球道、助走道和球员休息坐椅等功能构成。（B1-4-16、B1-4-17）

B1-4-14a 传统文化浓郁的诗婢家茶楼

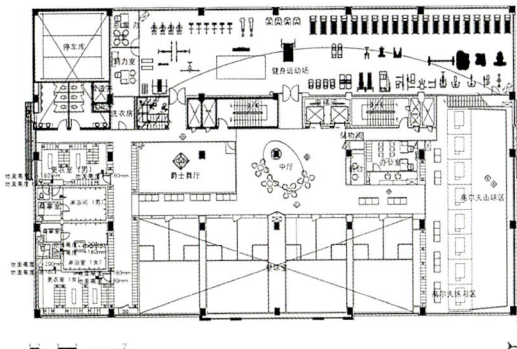
六层平面图
B1-4-14b 金乌健身中心平面图

B1-4-15 健身俱乐部

B1-4-16

B1-4-17

B1-4-16、B1-4-17　保龄球馆

设备参数

尺寸：标准型总长6.5米，宽1.74米，高1.8米。

总重：400公斤。

电源：220V，400W。

安装：直接放置在地面上。

显示：80英寸背投影屏幕。

球道：标准保龄球复合球道，3.05米长，1.06米宽。

助走道：复合地板，1.8米长，1.65米宽。

保龄球：配2只公用球。

（3）高尔夫俱乐部

有500多年历史的高尔夫起源于苏格兰，一直流行于贵族阶层，20世纪80年代以后进入我国，被企业的高级职员和有钱阶层所喜爱。高尔夫娱乐健身主要是会员制的形式，分为运动球场和会员会馆建筑两个部分，球场要求很高，交通便利、环境幽雅、植被整齐、无污染的生态环境。包括练习场地、后勤服务、会员管理、停车场等。占地约60～100公顷，植被

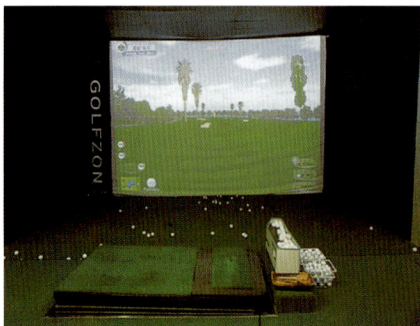

B1-4-18

B1-4-19

B1-4-18、B1-4-19　高尔夫室内练习场

起伏高差为10～20米左右。场地由球台、球道、果岭和球洞组成。会员会馆建筑要求有通透的视觉效果，能见到场地的景观，让球场与会馆融为一体。会馆的功能要求有会员入口的大堂、更衣、浴室、休息（VIP休息）、咖啡厅、餐厅、球具管理室等。（B1-4-18、B1-4-19）

（4）网球俱乐部

网球运动一直被大家作为一种高雅的体育娱乐运动，网球运动是计时的收费标准和会员制的会费来经营。网球分为室内网球场、室外网球场和会员建筑场馆，球场的大小为——单打场地尺寸：宽8.23米、长22.77米。双打场地尺寸：宽10.97米、长23.77米。建筑场馆有配套的相应辅助设施，如：游泳池、桑拿房、健身房等。

3．游乐娱乐类型

游乐娱乐类型的兴起是随着旅游业的发展而发展的。如游乐园类型、水上游乐园类型等。

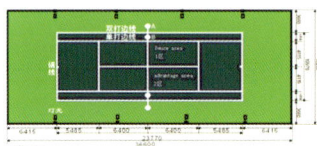

B1-4-20

（1）游乐园类型

成功的案例如美国人沃尔特·迪斯尼1955年在加州洛杉矶建的迪斯尼乐园，把童话梦幻般的世界与娱乐很好地结合，开创了主题游乐园的市场。这座巨大的超级乐园耗资1700万美元，每天需要2500名工人维护，每年可吸引500万名左右的游客。游乐园共有四个区域：冒险世界、西部边疆、童话世界和未来世界。大人和孩子同样喜爱这个乐园，使游客与童话中的爱丽丝一起进入梦幻世界迪斯尼·唐老鸭和世界儿童的圣殿。"霹雳过山车"体现了美国早期的移民精神，展现了开垦时代的艰难而冒险的生活经历，有山崩地裂的惊险体验。"睡美人城堡"，是整个迪斯尼乐园的精神象征和地标。其中小小世界是迪斯尼乐园的经典之作，充满童趣与童话故事的梦幻王国。"米奇卡通"是迪斯尼的主角，是米老鼠和他所有好朋友的家园，游客就像回到自己心目中童话的家一样，鲜艳的色彩和夸张的个性、可爱的卡通人物无不给你惊奇和快乐。

现建成的迪斯尼乐园有：香港迪斯尼乐园、美国加州迪斯尼乐园、奥兰多迪斯尼世界、东京迪斯尼乐园、巴黎迪斯尼乐园。（B1-4-21，B1-4-22）

（2）水上乐园

水与娱乐的形式在古代就有，把水作为一种娱乐资源，从划船、游泳到戏水、冲浪、划板、水上自行车、水上三轮车、逍遥鞋等等。把自然景观和游乐结合在一起是水上乐园的特色，包括天然水体和人工水体的利用，也分为室内和室外水上运动两个类型。通过水道的变速、高台冲击、水上滑板、水流旋涡、戏水、冲浪等不同的形式来营造惊险刺激的水上世界。

4．商业娱乐类型

商业娱乐类型是娱乐随着商业的发展而融进了娱乐的概念，如：影视厅、电子游艺厅等。

（1）影视娱乐厅

娱乐被认为是媒介提供的一个商品，媒体的内容是娱乐，媒体娱乐节目对观众的心理上的影响还体现在观众对节目的投入。娱乐是通过表现喜怒哀乐，让观众分享他人的生活，从而激励观众、教育观众，让观众进行想象和思考，更重要的是，激活观众的认同感，并带有一定启发性的活动，其类型包括：电视剧、电影、情景喜剧、体育等等。（B1-4-23）

（2）电子游艺厅

电子游艺厅是高新技术发展的产物，它吸引了大量的青少年，而青少年作为社会一个特殊的群体，他们大多都有沉重的工作压力、学习压力、社会压力，他们在外努力工作，应付竞争，内心亦有孤独感，严重地造成了心理负担，所以在电子游艺厅里去寻找刺激的场面，逃避现实生活。

（3）其他娱乐类型

网络娱乐类型，是以当代电子高新科技为传播媒介的，在时间和事件上同步的，共享全球化的文化。传统的神话已经远去，今天的娱乐是以电子媒介来享受全球化的娱乐。（B1-4-24）

本章小结：

1．主要概念与提示

（1）娱乐就是工作以外的休闲活动。

（2）娱乐场是人们在繁忙的工作和劳动之余完全放松自己身心的地方，在现代人消费观念、思想品位、文化素养、道德规范均有很大提高的今天，能够给人们提供抒发感情、快乐消遣、愉悦身心的空间。

（3）娱乐文化产业是为提升人类生活尤其是精神生活的品质，而提供的一切可以进行商品交易的生产服务。

（4）娱乐产品是娱乐产业的一切产品（包括物质、知识、技能、教育、娱乐、服务与精神的消费等产品），都具有提升人类生活尤其是精神生活品质的特性。

2．基本思考题

（1）社会公益性娱乐类型包括哪些具体的项目，各有什么娱乐特点？

（2）消费性娱乐类型包括哪些具体的项目，各有什么娱乐特点？

（3）游乐娱乐类型包括哪些具体的项目，各有什么娱乐特点？

（4）商业娱乐类型包括哪些具体的项目，各有什么娱乐特点？

3．基本训练题

对KTV歌厅、酒吧、夜总会、咖啡厅特点进行分析和比较，用文字和图片相结合的形式作出文案。可采用阅读书籍、上网查询等手段完成。

B1-4-21   B1-4-22

B1-4-21、B1-4-22 游乐场所

B1-4-23 电影院的过厅   B1-4-24 网吧是年轻人常去的娱乐场所

第二章 娱乐文化空间设计的过程和完善阶段

● 商业空间设计（上）

／全国高等院校环境艺术设计专业规划教材／

娱乐文化空间设计的程序其实和餐饮文化空间设计的程序基本是一样的，只是思考的内容和流程完全不同，在这里我只作一个简单的论述。

第一节 娱乐文化空间设计策划准备阶段

娱乐文化空间设计是一个庞大的系统，与其他空间一样，设计策划准备阶段也相对的复杂，都同样存在项目立项、提出设计任务计划书、可行性报告分析等前期的准备工作。包括娱乐服务的群体目标、项目的规模、功能流程、投资计划、收益分析、设计计划等。

一、娱乐服务群体目标分析

任何一项娱乐项目都必须考虑它的服务目标，设计工作者才有明确的目的性和准确性。不同的经营方式给不同的娱乐场所注入新的活力，娱乐市场也根据市场的需要推出全新的经营特色，这是在经营上找到其差异化的依据。

1．目标群体的年龄差异化

不同的年龄玩的方式和需求是不一样的，比如小孩喜欢游戏、青少年喜欢探险、年轻人喜欢刺激、老年人喜欢健身……

这些娱乐都与年龄有关，在年龄上找到娱乐方式的差异化才能帮助我们设计者在设计时思考。（B2-1-1）

2．目标群体的性别差异化

两性之间永远存在着不同的娱乐爱好，女性喜欢休闲娱乐项目，男性喜欢对抗性的娱乐项目。（B2-1-2、B2-1-3）

3．目标群体的娱乐时间差异化

每个度假日的时间都不尽相同，人们休息的时间也以自己不同的方式来选择，如：双休日、节假日、寒暑假、节气等都是人们休闲娱乐的时间资源，所以时间的差异化也是娱乐行业的重要考虑因素。

4．目标群体的性格差异化

不同的生活习惯给娱乐行业带来了特殊的要求，围绕娱乐项目应该考虑住宿、就餐、交通等因素，尊重不同人群的习惯和爱好，这样才能让我们的娱乐设计做得更好。

B2-1-1　景立歌城的目标群体是中年的成功人士，他们追求稳重健康

B2-1-2　左右酒吧面积不大，但是温馨浪漫，它是女性群体青睐的场所

B2-1-3　沙龙性酒吧适合个性化人群

二、项目的规模分析

当项目确定后，分析其规模的大小和比较同类娱乐项目是重要的工作，不能盲目地进行规划，规模大小是根据项目投资的地方，人口情况的多少来决定的（包括固定人口多少、流动人口多少、职业情况、文化程度、兴趣爱好等）。如：建筑的总面积是多少？服务人口是多少？服务范围是多少？主要设施组成是怎样的？都需要我们作详细的分析；另一方面，还要考察本地区的文化传承，人们有哪些相同的生活经历、相同的兴趣爱好和娱乐方式，尤其是民间的娱乐文化，民俗和民间的都具有丰富和独特的休闲娱乐活动项目。

三、功能流程分析

功能流程主要是根据娱乐场所的功用来决定，总的来讲有以下几个方面：明确功能的分区，娱乐场所哪些是人们的活动范围，哪些是员工管理范围；室外娱乐空间与室内娱乐空间尽可能处理好它们的节点，便于室内外活动联系和沟通，互相借用景观，这样有利于活动场地充分运用；人流和车流、内部供应车和客人车流交通要统筹组织，便于管理；节约用地，在城市的用地越来越紧张的情况下，合理地利用土地是设计者最大的难题，同时还要为企业的发展留有空间，便于企业和生态的可持续发展。

四、投资计划分析

不管是政府投资、群众集资，还是企业投资，设计师首先要明确投入资金多少，了解资金的来源，然后有计划地分配资金。资金投入的大小取决于该娱乐项目的规模、形式以及档次。

五、收益分析

建成后的娱乐场所取得的收益分为两个方面。

公益性娱乐文化的收益是社会效益，提高人们的身心健康和文化素养，也有利于文化的交流和传承，对建立和谐社会、社会的安定起到不小的作用。

赢利性的娱乐场所却有不同的利益回报要求，每个经营性的企业都希望得到最少的投入和最大的收益，所以收益的预测对投入资金有

很大的关系，把握好收益分析，有助于我们设计工作的开展。

六、设计计划

设计计划是设计师必须做的一项工作，有利于设计工作的开展，计划是我们提出问题、解决问题、运用什么手段、设计的程序及运作方式……一个好的设计计划可以帮助我们建立正确的主题定位、合理和科学地推进设计进度、能够系统化和规范化地把握娱乐设计的系统工程，使结果更为完善和准确。

第二节 娱乐文化空间设计的过程和完善阶段

娱乐文化空间设计策划的工作关系到我们工作的安排，包括设计服务范围、设计前期阶段、方案制定阶段、初步设计阶段、设计计划等阶段。

一、设计服务范围

设计师从事的是一项服务行业的工作，必须精确知道我们应该提供哪些服务非常重要，很多的业主由于对行业不太了解，常常让设计师做很多超出设计师工作的范围，让设计师承担额外的责任。

二、设计前期阶段

其主要内容在第一节娱乐文化空间设计策划准备阶段里。

三、方案制定阶段

分设计的初步阶段和设计的扩展阶段。

四、初步设计阶段

主要是提出设计的内容计划、设计的时间计划、设计的经费计划、可行性报告分析等。

五、设计计划

设计计划包括项目内容的策划、总平面组成的内容和功能的划分、功能的基本要求、采用什么形式等要求，讨论设计方案以及方案的修改。

六、设计的时间计划

设计的时间设计包括设计的每个阶段所作的时间安排，提出讨论的时间、设计的进度安排、制作图纸的时间等。

七、设计的经费计划

计划项目的投资是把握设计定位的依据，让业主明确项目的资金注入情况，好让资金作一个合理的安排。

第三节　娱乐文化空间设计的施工图设计阶段

施工图制作阶段：把初步设计阶段的概念通过图片、文字、制图规范、图表的说明、模型展示转变成一个可以实施的施工图、预想图，为具体施工提出相关的工作保证。

施工图制作阶段必须严格按照中华人民共和国《建筑制图》的标准来进行制图。该标准由中华人民共和国国家质量监督检验检疫总局和中华人民共和国建设部联合发布，其中包含了制图的总则、制图的图例、制图图样画法、标准用词、条纹说明等。（B2-3-1～B2-3-9）

第四节　娱乐文化空间设计施工图实施阶段

施工配合阶段：设计效果要得到保证，必须对施工进行监制，及时地修正施工中出现的问题，需要设施、设备、消防等相关项目得到很好的配合，设计工作才能顺利地进行并得到质量的保证。

本章小结：

1．主要概念与提示

娱乐服务群体目标分析：

年龄差异化——娱乐都与年龄有关，在年龄上找娱乐方式的差异化。

性别差异化——两性之间永远存在着不同的娱乐爱好，两性的娱乐也存在着差异化。

娱乐时间差异化——每个度假日的时间不尽相同，人们休息的时间也以自己的方式来选择，时间的差异化也是娱乐行业的重要考虑因素。

性格差异化——不同的生活习惯给娱乐行业带来了特殊的要求。

2．基本思考题

参照餐饮文化空间的第二章，结合本章的内容，细化娱乐文化空间设计的基本程序。

3．基本训练题

教师：提供一个面积为1500平方米左右的公共空间户型图。

学生：

（1）以老师提供的户型图为依据，作出主题KTV歌城（或茶楼、咖啡厅等）的规模、消费对象、消费形式、经营模型等定位；

（2）根据定位作出市场调查和设计计划的文案；

（3）提出详细的功能分类与老师沟通；

（4）以老师提供的户型图为框架，做两个平面草图并与老师沟通；

（5）把确定的草图绘制成规范的平面图。

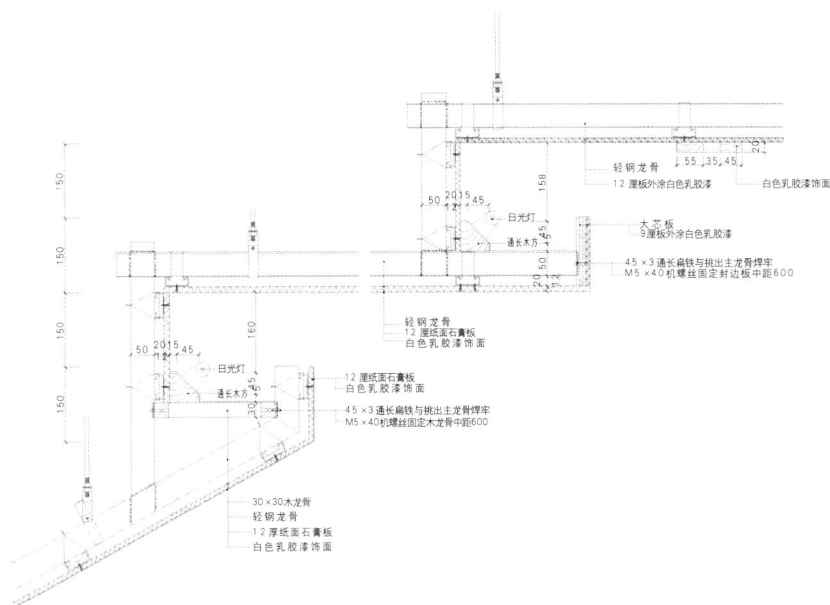

B2-3-1

黑金砂花岗石
红色干树枝
红色玻璃球
嵌入式小壁灯（黄光）
木作线条饰红色球
广告
红色沙发
黄色灯片　5mm眼镜
黄色灯片
哑光不锈钢

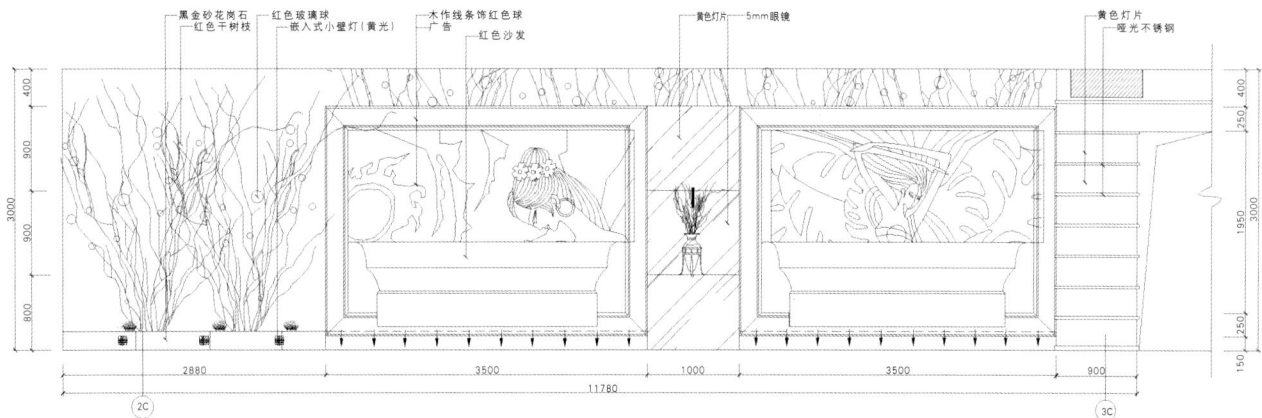

B2-3-2

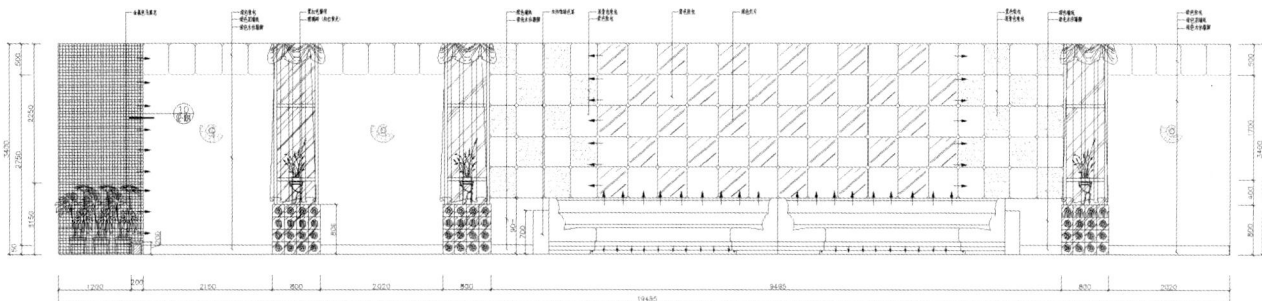

B2-3-3

红色墙纸
黑金砂花岗石踢脚线
门套见详图
成品门
米黄色石材柱
车边镜面
黄色灯片
射灯　金箔
成品干枝（装饰品）
红色墙纸
黑金砂花岗石踢脚线

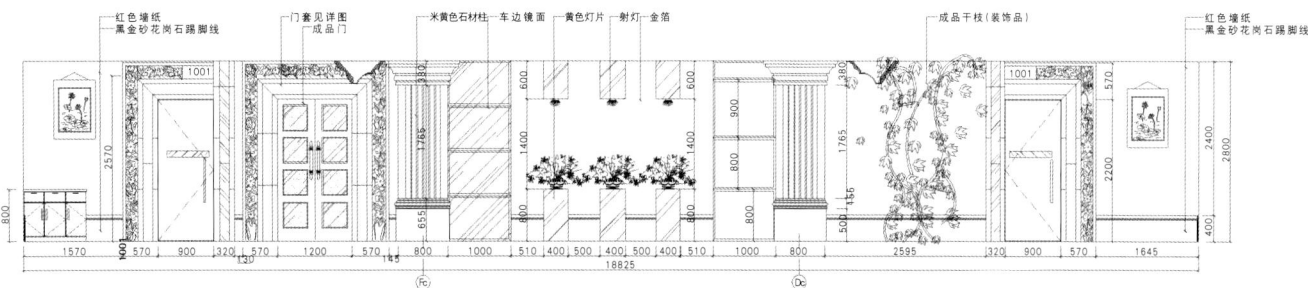

B2-3-4

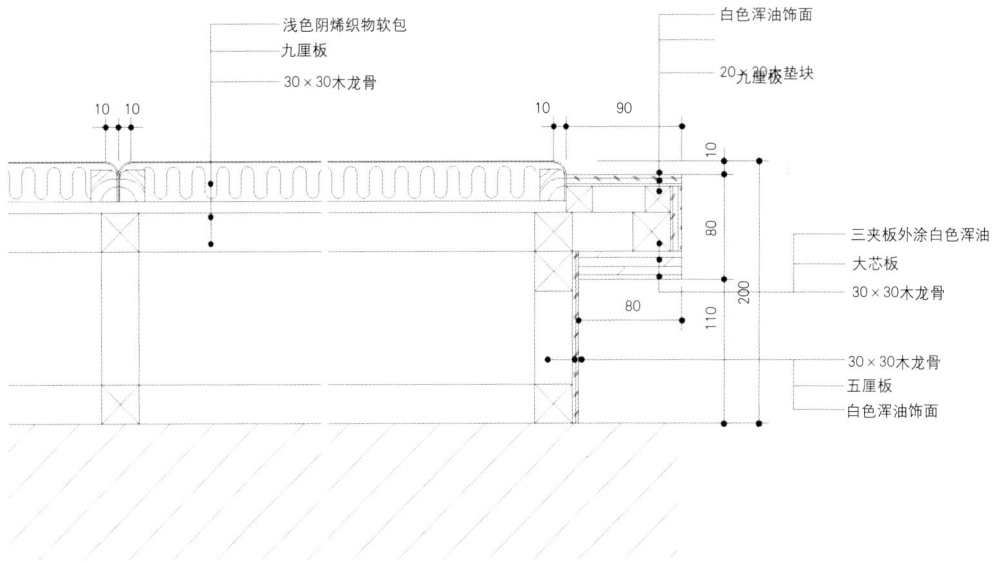

浅色阴烯织物软包
九厘板
30×30木龙骨

白色浑油饰面
20九厘板垫块

三夹板外涂白色浑油
大芯板
30×30木龙骨

30×30木龙骨
五厘板
白色浑油饰面

B2—3—5

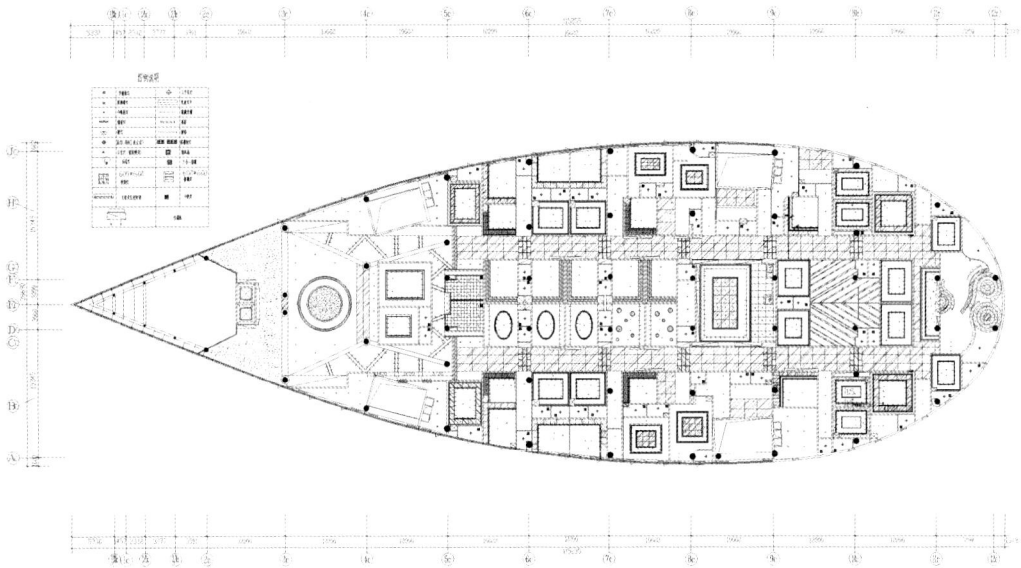

B2—3—6

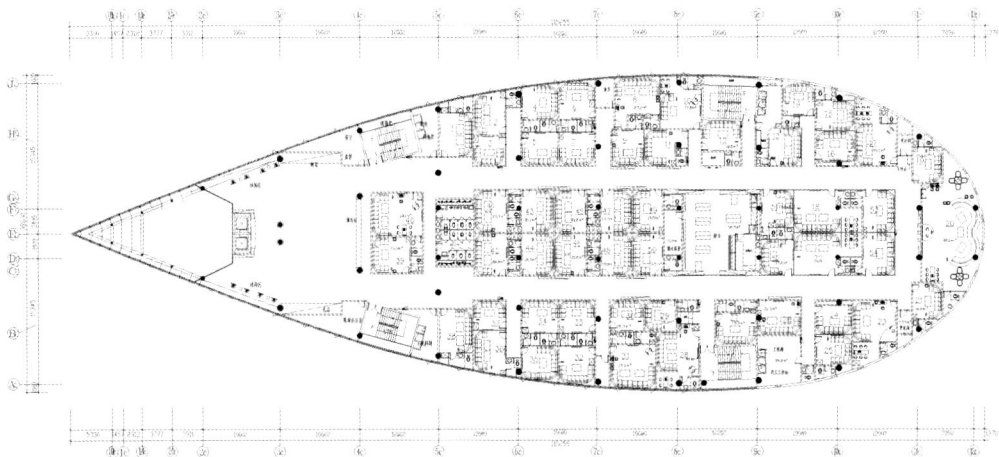

B2—3—7

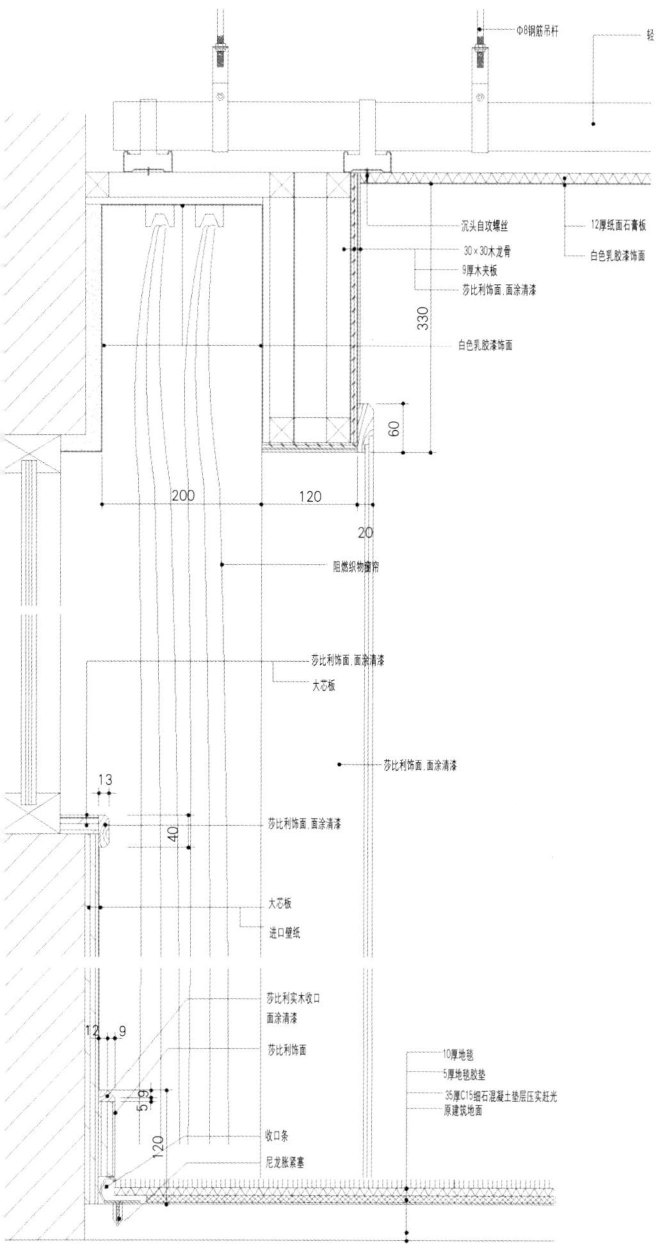

Φ8钢筋吊杆

轻

沉头自攻螺丝
30×30木龙骨
9厚木夹板
芬比利饰面,面涂清漆

白色乳胶漆饰面

12厚纸面石膏板
白色乳胶漆饰面

330

60

200

120

20

阻燃织物窗帘

芬比利饰面,面涂清漆
大芯板

芬比利饰面,面涂清漆

芬比利饰面,面涂清漆

13

大芯板
进口壁纸

40

芬比利实木收口
面涂清漆
芬比利饰面

12 9

5 9
120

收口条
尼龙胀紧塞

10厚地毯
5厚地毯胶垫
35厚C15细混凝土垫层实压赶光
原建筑地面

B2-3-8

Φ8钢筋吊杆

轻钢龙骨

90

5

170

30

20×20木垫块
九厘板
白色浑油饰面

12厚纸面石膏板
白色乳胶漆饰面

30×30木龙骨
九厘板
阻燃织物软包

10

10

300

10

木方抹圆角

120

收口条

尼龙胀紧塞

白色浑油饰面
九厘板
20×20木垫块

10厚地毯
5厚地毯胶垫
35厚C15细混凝土垫层实压赶光
原建筑地面

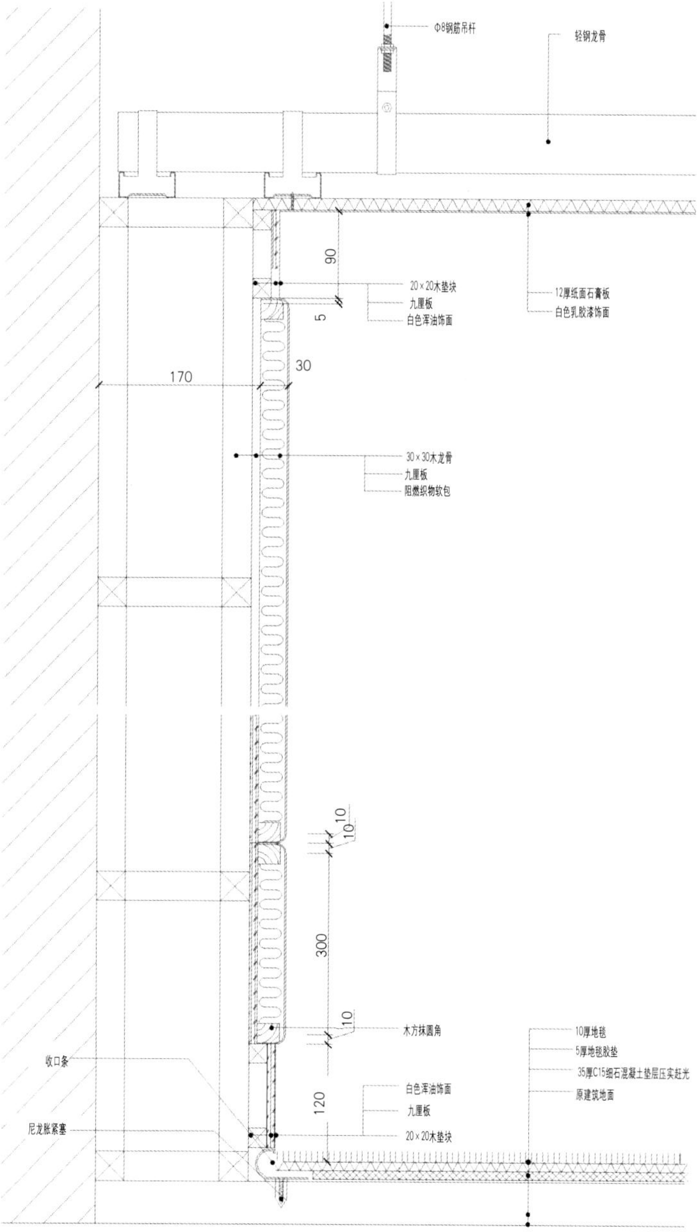

B2-3-9

B2-3-1~B2-3-9 笙歌歌城施工图

第三章 娱乐文化空间设计的基本原则

娱乐文化空间设计受到诸多因素的影响，无论是娱乐空间形态的美学形式，还是人们直接参与的娱乐体验，都将直接影响到参与者的心情，所以娱乐空间设计的好坏直接影响到它的经营和发展，作为设计工作者必须遵循以下设计原则。

第一节 满足娱乐方式的设计原则

这是一个充满渴望快乐的时代，每个人都在繁忙的工作之余积极寻找一种完全放松自己的地方。这是一个充满娱乐的时代，娱乐带给现代人一个全新的消费观念、思想品位、文化素养、道德规范，娱乐场所给人们提供了一个抒发感情、快乐消遣、身心愉快的空间，享受着这个世界带给人们的快乐。

快乐是一种心理现象，由视觉、听觉、嗅觉、味觉、触觉等引起人们的生理快感，也是娱乐人要求达到的目的。快乐产生的原因和获得快乐的途径是多种多样的。娱乐活动，伴随着丰富的社会内容，人们通过感性体验与理性认识相结合，达到精神的愉悦。娱乐是人类在生存和工作之外获取快乐的活动，它包括生理上获得快感和心理上得到愉悦。所以娱乐空间设计需要满足人们的心理和生理愉悦的需求。（B3-1-1、B3-1-2）

B3-1-1 主题酒吧充满了朋友的欢笑声、饮酒声、猜拳声、聊天声

B3-1-2 酒吧里还配有台球等娱乐项目

第二节 满足使用功能的设计的原则

一、功能必须与经营的内容相结合

娱乐文化空间的类型多样，功能要求复杂，在繁多的功能要求中，我们一定要做好功能流程分析，作到功能适合人们娱乐的心理需求，有利于设计项目的经营和发展。

观演娱乐、健身娱乐、高尔夫娱乐、游艺娱乐、歌厅娱乐、社会公益娱乐等……由于娱乐的项目不同、人们的活动内容不同、行动不同，娱乐空间的功能要求是完全不同的。他们虽然有许多相同之处，但是对于空间的功能和主题要求是完全不同的。

二、娱乐文化空间的功能分析

1．接待大厅功能

娱乐场所的接待大厅举足轻重，它不仅要展现娱乐场所的经营主题和特点，同时还将客人在最短的时间内进行疏散，明确客人所要达到的目的和方向，接待大厅包括了：接待台、咨询服务、等候、公共通讯、服务内容、公告、楼层索引、特需服务、吸烟区等功能的设置。（B3-2-1～B3-2-4）

2．休息等候功能

娱乐场所休息等候的方式是随着功能的不同，而提供不一样的休息等候形式。

接待大厅的休息区，是属于共享空间的休闲区，满足等候和办手续的客人做短时间的休息，所以一般不会设置很大的休息区，而是采用宽大的坐椅和景点结合在一起，有的坐椅还作为环境的亮点来点缀，体现出娱乐场所的人文关怀。

茶座休息区，是一个经营的休闲场所，为客人提供一个交谈、社会交往、商务活动的轻松环境，要求环境幽雅、服务周到的交流环境。

室外的休息区，是把景观和休闲相结合的一种休息形式，一般有休息平台和庭院式的休息方式，使人们在此享受到大自然的优美和宜人的空气，把花草、树木、流水、鸟鸣作为休息的背景，利用自然资源来营造休闲的心情，这种形式深受都市里的人们的喜爱，让身心在这里得到放松和陶冶。

阳光休息区，由于度假村的兴起，享受阳光成为一种时尚，在游泳池旁、在风景优美的海岸线、在果园里都能见到人们对阳光的追逐，一壶好茶加阳光、一本好书加阳光是另外一种意境，一个人们热爱的健康休闲形式。

网络休息区，由于互联网的兴起，人们越来越离不

B3-2-1 笙歌歌城大厅的等候区和上网区

B3-2-2 笙歌歌城的公共区一角

B3-2-3 娱乐会所大厅

B3-2-4 酒吧进厅以艳丽的睡莲池和浪漫的珠帘为主题

开网络、网上交流、网上银行、网上炒股、网上查询、网络游戏……所以在娱乐活动的空暇，为顾客提供网络是必不可少的。

不管是什么样的休息形式，它都给人们带来别样的休息空间和休闲心情，工作在这里停止、繁忙在这里消失、烦恼在这里凝固，留在这里的是轻松、愉快、和谐、友好、享受……（B3-2-5~B3-2-7）

3. 娱乐区功能

不同的娱乐文化空间具有不同的功能要求，合理的功能分区是设计者的首要问题，首先把内部作业区与对外的娱乐区进行分类，把使用面积和交通组织分隔开来，这样有利于企业的管理和各部分之间的细化。

（1）观演娱乐场所

观演是以观看和表演为主的娱乐形式，表演节目的特色决定观演场所的设计定位，表演的水平和展现的特色是观演场所最大的卖点，观演业从兴起到发展经历了一个漫长的历程，才逐渐走向成熟，对节目的要求也越来越高，观众的爱好也在不断地变化，所以节目的内容也应该与时俱进，赏心悦目。到观演厅的人群主要是家人、情侣或三五知己，他们大都是带着观赏和陶冶情操等目的去欣赏，这是以表现和观赏为主要功能的观演娱乐场所。

还有一种观演娱乐场所是以表演和观众互动的娱乐形式，在酒吧里比较常见，是属于小型的表演，一般有二三人的小型表演，使歌手与客人伴随表演一起互动，场面热烈而富有激情。一边听歌，一边饮酒，一边娱乐，这类酒吧称之为表演吧，主要受到朋友聚会、饮酒、情侣约会的消费者喜爱。

观演娱乐场所具有接待大厅、服务台、礼品柜、陈酒柜、消费指南、等候、观演大厅、表演舞台、公用卫生间、管理用房、服务人员休息厅、音响控制室等功能。

观演娱乐场所包括影剧院、演出专营娱乐空间，功能要求有门厅、休息厅、观演厅、舞台、化妆间、演播室、小卖部、卫生间及内部用房。有的观演娱乐场所还设有排练场、观摩交流中心等辅助功能，观众观看厅由于容纳的人数有多有少，其规模和尺度也不相同，有容纳上万座、上千座、几百人和几十人的，还有VIP观演场所只容纳几人不同大小的观演娱乐

场所。空间大小也是根据容纳人数多少来定。

观演娱乐场所的空间设计要考虑到音响效果，吸音材料的合理运用，观众的视线没有阻挡、放映室的位置及距离、消防要符合观演娱乐场所的消防规范，明确的消防指示、人流的集中疏散，都必须保证人流、交通的安全畅通，而且能及时引导。观演娱乐场所的通道门通常使用双扇门，便于人们通行。

保证观演娱乐场所人员的安全是首要任务，消防工作是设计和施工的重要问题，必须按照国家的消防标准设计和施工。《中华人民共和国消防法》在第九条里对公共娱乐场所的安全出口数目、疏散宽度和距离，应当符合国家有关建筑设计防火规范的规定：

"公共娱乐场所的安全出口数目、疏散宽度和距离，应当符合国家有关建筑设计防火规范的规定。安全出口处不得设置门槛、台阶，疏散门应向外开启，不得采用卷帘门、转门、吊门和侧拉门，门口不得设置门帘、屏风等影响疏散的遮挡物。公共娱乐场所在营业时必须确保安全出口和疏散通道畅通无阻，严禁将安全出口上锁、阻塞。"（B3-2-8）

（2）健身娱乐场所

健身项目种类繁多，一个场所不可能包揽全部的项目，应该突出自己的特色和经营个性，所以健身娱乐场所都体现其专业性，针对某一人群进行经营定位。不同地区客源的构成和民俗文化、爱好等诸多因素都影响经营者选择不同的健身娱乐项目。由于健身方式的不同，可分为健身娱乐中心、游泳中心、保龄球馆、高尔夫球场、台球馆、跆拳道练习场、网球中心、击剑中心、攀崖等等。

B3-2-5 诗婢家茶楼的进厅

B3-2-6 康乐会所大厅

B3-2-8 观演厅

B3-2-7 明媚的阳光撒满了等候区

对于不同的消费人群，健身娱乐场所需要有针对性地选择适合的项目，项目的选择是根据客人的数量、客人的兴趣、爱好、年龄、健康状况等因素决定的，所以服务形式也是针对客人不同的健身特色采用不同的服务方式。健身娱乐服务是一种综合服务项目，还为客人提供饮料、水果、食品的及时供应，保证消费者在健身娱乐场所能顺利进行健身活动，并且享受到舒适的环境，周到的服务。(B3-2-9a、B3-2-9b)

（3）高尔夫娱乐场所

高尔夫娱乐场所，选址大多远离闹市区，高尔夫娱乐场所给客人带来的是鸟语花香、修剪漂亮的草坪、享受阳光的照射、呼吸清新的空气，带给人们的是久违的树林、草地、泥土的芳香。所以高尔夫运动是一项自然与人类和谐共处的最高境界的运动，是大自然赋予人类最大的"氧吧"，因此，高尔夫运动是人与自然完美结合的体育运动。

高尔夫运动不属于对抗性运动，安全度很高。球手可以根据自己的体能来调整运动的节奏和强度，需要掌握一定的技巧，高尔夫运动是由徒步行走(Walking)和以杆击球(Swing and putt)这两部分构成的。在打高尔夫的过程中，其中大部分时间的运动动态是徒步行走，这种行走与人日常生活中的行走无异。以杆击球用力大的是开球，而且每个洞也只开球一次。其次是球道击球，所用力量已比开球减小，在果岭上推杆的用力微不足道。人们都可以尽情挥杆，享受快乐，高尔夫从竞技角度看是一项技术型为主、力量型为辅的运动项目，所以被许多喜欢休闲运动的人们喜欢，只要你有心情、有金钱、有空闲，随时都可到球场潇洒。

高尔夫运动是一项高消费的时尚运动，是成功阶层人士聚集的娱乐场所，以商务性社交为目的的高尔夫球消费已在高尔夫场消费群中占有很大比例。高尔夫也是一项注重礼仪和传统性很强的文明运动，要求参与者有很好的文化素养和传统礼仪。《高尔夫规则》中的第一章，就将礼仪纳入运动规则："为其他球员着想""球场优先权"以及"对球场草坪保护"等，高尔夫运动的球员上场必须穿着得体，保持肃静。许多球会和许多比赛中，严禁穿短裤上场，充分体现了高尔夫运动丰富的文化内涵和文明、高雅、健康的运动特征，一直以来高尔夫也被称作"绅士运动"。

高尔夫功能流程：

预订：

打高尔夫是需要预约的，事先以通讯方式与俱乐部预定日期，并由俱乐部确定具体时间。

柜台登记：

根据预约的日期、时间，最好提前1小时到俱乐部。寄存球包——柜台登记——领取记分卡——填写登记表。

更衣存物：

在更衣室更衣。

确认球杆：

与球童确认自己球杆的数量，并且要在预定出发前10分钟到达指定发球台。

决定顺序：

同组打球的人在出发前决定谁先发球，没有规定方式，可以采取抽签、猜拳等方式。

依规打球：

第二洞开始则按第一洞的成绩决定发球顺序，谁用的杆数少谁先发球；从第二杆开始，则谁距果岭远谁先打球。比赛者自做裁判，互相记分，遵守规则。

休息进餐：

除非是正式比赛，一般人习惯在打完9洞休息或进餐。

结束打球：

打完18洞后，同组打球者应彼此致意，互相鼓励。

签字致谢：

离开球场前，应与球童核对球杆数量，感谢球童的服务，并在球童服务卡上签字。

沐浴更衣：

回到更衣室沐浴更衣。

结账离开：

在俱乐部柜台交付果岭、球童、饮食等各种费用。在俱乐部门口取回球杆包，与服务人员告别，结束本次高尔夫球活动。

（4）游艺娱乐场所

游艺娱乐场所给消费者带来的是全新的动感体验和时尚感受。由于电子科技的发展，游艺产业是娱乐行业的最大受益者之一。游戏者通过模拟的场景，能亲身体验激情时速的各类赛车的极速快感，还能在各项体育竞技项目上一展身手。动感游艺能满足消费者追求刺激、追求美妙心境，益智游艺使人在快乐中成长……

如：大型游艺项目"盘旋滑板"能让你亲身体验每小时36公里的速度，7米的高低落差，在U型滑道上感受高难度的惊险动作；喜欢赛车的朋友可以在"极速狂飙F-1"过一把赛车瘾，逼真的模拟采用了F1赛车驾驶模拟系统，方向盘能强烈感受赛场震动和压力，再加上3D仿真画面，高保真音响效果犹如身临其境。

还有许多不同刺激的游艺项目，如：最恐怖的"诅咒古堡"、超视觉感受和仿真体感一体的"时空穿梭机"，人间绝地的探险英雄的"激流探险"，科幻海洋游览"惊险星球海""深海秘境"，明亮欢快的游乐体验"梦幻咖啡杯"……

游艺大厅一般分为五个大厅——激情时速区、运动竞技区、有奖娱乐区、动感时尚区、益智休闲区。具有接待大厅、服务台、筹码换取台、消费指南、休息、公用卫生间、管理用房、服务人员休息厅等功能。

由于游艺竞技场容易使消费者喜欢，容易沉迷于游戏所带来的弊端，国务院对游艺场所的管理规定非常严格，在国务院第458号令《娱乐场所管理条例》第9、10、

12条规定：娱乐场所的安全、消防设施和卫生条件应当符合国家规定的标准；娱乐场所的边界噪声应当符合国家规定的环境噪声标准；娱乐场所不得设立在下列地点：

①居民楼、博物馆、图书馆和被核定为文物保护单位的建筑物内。

②居民住宅区和学校、医院、机关周围。

③车站、机场等人群密集的场所。

④建筑物地下一层以下。

⑤与危险化学品仓库毗连的区域。

⑥与学校、医院、机关之间的直线距离不得少于50米；以操作游戏、游艺设备进行娱乐的各类游艺娱乐场所，与中小学校的距离不得少于200米。

⑦歌舞娱乐场所营业面积不少于500平方米，三星级以上宾馆设立歌舞娱乐场所作为配套项目，营业面积不少于200平方米；乡镇及以下设立的歌舞娱乐场所营业面积不少于200平方米。每个包厢、包间营业面积不得少于8平方米。歌舞娱乐场所单个消费者人均占有营业面积不得低于1.5平方米等相关规定。（B3-2-10、B3-2-11）

（5）歌厅娱乐场所

分为主题KTV娱乐场所和量贩式KTV娱乐场所等。

主题KTV娱乐场所是以唱歌为主的娱乐模式，设计风格有明确的主题定位，经营模式富有特色和个性，受到目标群体的热爱，主题KTV要求设计有很高的品位，明亮而华丽的风格，是人们进行商务交往和朋友聚会的地方，优良的服务和幽

B3-2-10 游乐厅喧嚣刺激的氛围

B3-2-11 游乐园的流动花车

雅的环境是主题KTV的特点，主题KTV大多属于会员制的会所形式，有固定的客源和消费群体，市场经营相对稳定。（B3-2-12～B3-2-18）

量贩KTV也是以唱歌为主的娱乐模式，设计风格时尚，有好的音响效果、绚丽的灯光、明亮整洁的通道，便于管理和服务的流程。它一般按小时计算房租和包间买断的房间费，酒类和小食品可在场内超市平价采购，提供免费和平价餐点，相对消费较实惠。消费客源以年轻人聚会、工薪族、生日Party为主。（B3-2-19、B3-2-20）

歌厅娱乐场所具有接待大厅、服务台、礼品柜、陈酒柜、消费指南、等候、KTV包间、公用卫生间、管理用房、服务人员休息厅、音响控制室等功能。

（6）迪斯科娱乐场所

迪斯科（DISCO），源于法文DISCOTHEQUE（指以播放唱片伴舞的夜总会），起源于法国，常常聚集一群怪异男女，他们总是半夜三更在酒吧间里相聚。他们中有下层工人、时装师、黑社会成员和同性恋者。他们尽情享受放送的流行歌曲，达到宣泄的目的。20世纪70年代兴起于美国，成为一种群众自娱性舞蹈，后来很快在世界许多国家流传，通常有舞厅迪斯科、健身迪斯科和表演迪斯科之分。多媒体音响技术的发明又使迪斯科舞向前跨进了一步，音乐成为迪斯科的催化器，多媒体技术使本来就如醉如痴的舞者更加疯狂。

迪斯科娱乐场所是年轻人释放情感的地方，劲歌热舞，舞时无须有伴，动作自由灵活，胯部扭动较大。激情四溢、宣泄情感是迪斯科娱乐场所的特点。以舞池为中心，DJ师的领舞带动全场集体共舞，节奏快速而强烈，突出节拍重音，强调以夸张的强弱力度交替反复，诱发内心的节奏冲动，其音乐多由电子音响合成，并将人声混合其中。其旋律和歌词简单且少有变化。狂欢豪饮把消费者的激情点燃，让人的兴奋度达到极至，迪斯科娱乐场所注重梦幻的灯光和音响效果，节奏强烈。装饰风格或是颓废或是时尚。

迪斯科娱乐场所具有接待大厅、服务台、陈酒柜、消费指南、舞池、领舞台、不同空间的饮酒区、公用卫生间、管理用房、服务人员休息厅、音响控制室等功能。（B3-2-21、B3-2-22）

B3-2-12 主题歌城的包间没有太多的喧嚣

B3-2-13 景立歌城旗舰店宽敞明亮的过道，透露出歌城健康娱乐的理念

B3-2-14 景立歌城旗舰店过道的水景

B3-2-15

B3-2-16

B3-2-17

B3-2-15、B3-2-16 景立歌城旗舰店包间内的一角

B3-2-18

B3-2-19　笙歌歌城一层进厅

B3-2-20　笙歌歌城的自助超市

B3-2-17、B3-2-18 景立歌城旗舰店包间的入口处

（7）慢摇吧娱乐场所

慢摇吧娱乐场所是一种新型的娱乐模式，它根据人的娱乐心理需求设计出一套以音乐、灯光加美酒的模式，让人们逐渐达到亢奋的状态。开始时以较为明亮的灯光、节奏较慢的音乐，让人们心情放松，聊天饮酒，随着时间的推移，音乐节奏逐步加强，灯光逐步调暗，加上DJ及领舞者的鼓动，使人逐步达到兴奋的状态，然后随音乐起舞，找寻High的感觉。在一些经营成功的慢摇吧，你可看到千姿百态的舞姿。晨操，人们为的是锻炼身体；而慢摇吧内看到的则是晚操，在"闻乐起舞"的同时，达到运动身体、放松心情的作用。

慢摇吧与迪斯科的区别在于音乐节奏的循序渐进，让人们有一个从平静到兴奋的心理过程。再者，由于慢摇吧的定位比迪斯科要高，因此客源的素质及消费相对也比迪斯科要高。虽然都是在同一节拍下，但人们各自展示不同的舞姿，不一定只在舞池跳，就在座位边也可跟着节拍起舞，通常到高档慢摇吧消费的客人主要是时尚的白领阶层、年轻的老板们，他们都带着玩的心态，在热闹的气氛中放松心情。（B3-2-23、B3-2-24）

（8）茶楼场所

茶楼，在旧中国被称为茶馆，它不仅是人们休闲的地方，还是重要的社交场所。三教九流相聚在此，不同行业、社团在此交流行情、洽谈生意、看货交易，也有黑社会混入其中，秘密地干着买卖枪支、鸦片等违法犯罪活动。这些茶馆大多还兼营饭馆、旅店。行行都把茶馆

当做结交聚会的好去处，茶馆成为当时社会生活的一面镜子。茶馆作为社会文化娱乐场所，诠释着中国的传统文化。茶馆设有川剧"玩友"坐唱（俗称"打围鼓"），还设有评书、扬琴、清音、金钱板等演出活动，边饮茶、边欣赏传统的曲艺节目。

由于时代的变迁、经济的发展、文化的提高，旧时茶馆的功能在当代发生了很大变化，现在更多地把它称为"茶楼"。茶楼是为人们提供饮茶、休闲、棋牌的场所，是为人们提供社会交往的公共空间。提供人们舒解压力的一个好去处，提供人们会聚亲朋、进行商务会谈的公共空间。比如书法绘画、烹饪服饰、戏曲歌唱、鉴宝古玩等文化娱乐活动，茶楼在这些领域起到一个很好的组织者的作用，茶楼成为一个城市展示其文化特色与风格的窗口，还承担了发扬与展示茶文化的重任，茶艺表

B3-2-21

B3-2-22

B3-2-21、B3-2-22 迪斯科娱乐场有强劲的音乐、浓郁的酒水、喧嚣的氛围

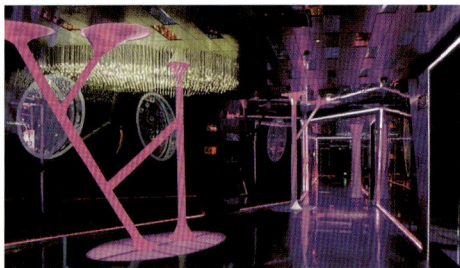

B3-2-23　酒吧的过道以光影营造氛围

B3-2-24　慢摇吧里人们尽情享受DJ们带来的热辣与振奋

演成为茶楼营销中的亮点卖点。(B3-2-25~B3-2-27)

(9)咖啡厅场所

咖啡厅场所是让你能为自己的心灵,寻找一个幽静而孤处的地方,也是为醉心于面对"真实的我"的绝好去处。咖啡馆的氛围和品质,并非咖啡浓淡能体现,而是这里的建筑空间的文化内涵和绅士气质,再加上优美沉静的抒情音乐,让咖啡厅里尤其空灵,极富诗意。(B3-2-28、B3-2-29)

三、满足娱乐文化空间内部作业功能

经营所需的各种管理用房,包括专业工作用房、行政管理用房、对外联系及接待、经营办公、财务、治安管理等。辅助设备用房包括空调机房管理、监控系统管理、库房、配电房、后勤用房、维修用房、垃圾处理等。这类用房的交通设计尽量避免与经营娱乐用房进行交叉,以方便管理和使用为原则。

四、满足娱乐场所的服务功能

娱乐场所还要有完整的服务配套设施,服务功能主要是为客人提供就餐、团体宴请、鸡尾酒会等服务功能,它是属于赢利性的服务内容。在前面已经对餐饮服务有了详细的论述,在这里就不作阐述了。

五、满足娱乐场所的人流交通

娱乐场所是多功能的综合公共空间,各类功能是通过交流作为纽带的,把各个环节结合在一起,形成娱乐场所完整的销售体系。因为每个活动功能和用途不同、活动的方式不同、人们的娱乐的习惯不同,需要我们有计划地进行交通引导。不同的功能有不同的活动方式,不同的交往习惯,其人流交通分为集中式人流和分散式人流。

集中式人流是在统一的时间内安排统一的活动流程,比如:观演场所、就餐场所人流聚散的时间大多相同,需要有足够的空间来迅速将人群疏散。

分散式人流是人流活动不在相同的时间里进行的活动流程,如:游乐场所、游艺场所、茶楼休闲场所、展览都是没有时间规律的活动,所以人流的组织要做到合理而便捷。

B3-2-25 明江茶楼是商务茶楼,为人们提供了商务会谈的休闲空间

B3-2-26 明江茶楼供给客人便利的工作餐

B3-2-27 以龙文化为主题的茶楼

B3-2-28 咖啡厅的环境轻松

B3-2-29 咖啡厅的环境自然清新

六、功能必须与建筑有机结合

做娱乐文化空间设计，为我们所提供的原有建筑有两种情况：第一种是专门为本项目而建的娱乐场所，其功能在设计之前作了详细的策划和功能定位。第二种是在原有的建筑上进行功能组织，功能也就随着服务对象、娱乐性质、娱乐规模、建筑条件的变化而变化，其功能定位就有很大的不同。

第三节　满足心理功能的设计原则

一、满足愉悦性的设计原则

娱乐可被看作是一种通过表现喜怒哀乐，给自己和他人带来心理的愉悦的享乐过程。

娱乐的本质是通过心理感受来体验的一种愉悦形式，人的身体与感官通过娱乐空间来恣肆享乐，不断刺激并满足个体欲望的想象性释放，从而获得新的紧张与平衡。愉悦性是发自心灵深处的心理反应，愉悦性的快乐来自精神方面的诠释，在娱乐场所为其编织了有规律、有程序、有目的的娱乐项目来满足人们心理欲望的需求。达到忘却烦恼、压力和排遣郁闷、惆怅的目的，同时也能让日常生活、工作及生活情调变得丰富多彩。(B3-3-1、B3-3-2)

二、满足认同感的设计原则

任何娱乐形式都需要观众来分享它的快乐，让人们在感情上和认知上投入到一起，并在娱乐空间里去感受娱乐带来的释放、激动、高兴、感伤……只有这样才能激发观众的某种情绪，如：虚荣、诱惑、炫耀、魅力、唯美、时尚等可以猛烈撞击心灵，激活他（她）们的认同感，娱乐节目才有意义。

三、满足时尚性的设计原则

时尚价值历来被消费者和经营者所追捧，为企业带来无限的商机，为消费者提供一个体验潮流的场所，所以设计工作者必须推出一个崭新的时尚概念，包括文化元素、时尚品牌、时尚营销等，为中国娱乐企业带来更多的机遇和创新空间，为消费者创造独特价值。

例如：时尚品牌"星巴克"咖啡厅的成功反映了"新新人类消费概念"，在"时尚、青春、快乐"中体现了这群人张扬的个性、反传统的文化、追求情感中的自我、让时尚的文化特征最大限度地膨胀，"星巴克"成功的品牌能迅速地崛起，它营销的是时尚文化、打造的是时尚品牌、营销的是时尚体验和个性的情感，所以"星巴克"已经成了时尚的代名词。

四、目标性的设计原则

卓越品牌都需要成功的营销，而营销的成功是不断向目标群体传达独有的文化理念和品牌的特色，只有准确地把握目标群体，设计才有针对性，企业才有明确的方向，才能给目标群体提供他们最需要和最喜欢的产品，让他们的个性得到满足。只有这样企业才更有生命力，在竞争激烈的市场中挣到属于自己的蛋糕。

五、通俗性的设计原则

大部分娱乐场所的目标都把眼睛盯着大众群体阶层，所以这类娱乐场所传达出来的精神需要大多数人的共鸣，不能孤芳自赏，只有满足大众的喜爱，才能雅俗共赏。通俗性的设计原则就是要最直接、最朴素、最便于被大众所接受的形式，更好地展现娱乐的魅力，营销自己的品牌。

比如：垂钓就属于大众性的娱乐项目，有很好的群众基础，也是修身养性的通俗性娱乐活动，受到大众的喜欢。还有游泳也是群众性的娱乐锻炼项目，它可以让不同爱好、不同群体、不同地方的人在一起锻炼，体现通俗性的娱乐要求和大众化的娱乐活动。

另外，也有些娱乐场所是针对特殊人群的，如艺术沙龙会所……

B3-3-1　　　　　　　　　B3-3-2

B3-3-1、B3-3-2 亲子游乐园

六、满足快乐性的设计原则

人们往往会主动去寻找快乐，快乐不需要理由，娱乐场所就是要让不快乐的人快乐，让快乐的人更快乐，享受快乐带来的美好，娱乐空间就能够点燃人们的快乐心田。

比如：在茶楼里客人们除了享受舒适的环境、轻松的气氛、抒发感情，还能尽情地享受朋友间聚会的快乐；在KTV里，麦克风里传出的声音是否动听并不重要，自娱自乐地"HIGH"把自己当成麦霸，在欢乐的气氛里争取快乐的每一分钟，除了享受快乐，还是快乐……

七、满足情感释放的设计原则

当今社会的人们面临着工作压力、生存压力、家庭压力、经济压力……这太多的压力让人喘不过气来，人们把压力释放出来，才能有一个健康的身心继续工作，各种不同的娱乐空间有不同释放压抑情感的形式，现在娱乐场所应该不断地推出解压心情的主题来迎合消费群体的需求。

如：被许多人认为与灵魂最接近的地方"阿伦故事酒吧"推出的是一种健康交友的营销理念，独创的酒吧文化和浪漫主题，被需要情感交流的人所追捧，在"阿伦的故事"里推出的是"故事酒吧，释放情感"营销理念，在酒吧里开启的是咖啡，释放的是心灵；开启的是音乐，释放的是身体；开启的是美酒，释放的是情感……

八、满足刺激性的设计原则

在许多娱乐项目中，人们千方百计地寻求刺激，来挑战极限，常常挂在嘴边的一句话："玩的就是心跳。"

商家们也推出了许多心跳的娱乐项目，充满着刺激和拼搏的游乐园。人们来到这里是为了寻找刺激，对心理和生理进行挑战，在这过程中变得振奋。最著名的蹦极玩的是急速下降的死亡游戏，高速快艇和空中跳伞寻求高速中对人的心理和身体的强烈冲击，对于长期工作生活在困倦中的人们，进行一次刺激运动之旅，会重新找到奋斗乐趣。刺激性的娱乐项目除超越自我生理极限的精神外，更强调参与、娱乐和勇敢精神，追求在跨越心理障碍时所获得的愉悦感和成就感。

九、满足伤感性的设计原则

在人的情感里永远为伤感的情怀保留着一块空间，尤其是有一部分怪异的人群愿意享受着伤感并且爱上伤感。这是一群另类的艺术家和文人，他们的才气总在伤感里寻找，一生似乎和伤感是朋友，在伤感的情绪中超越自己，超越生活，给大家带来震撼的作品。

在娱乐空间里，也有专门为这些人提供的平台，比如：怀旧酒吧常常接纳这些需要伤感的朋友，空间里到处弥漫着伤感的情歌，撕心裂肺的回忆……酒吧体现的是伤感这种病态美的感觉，这种感觉伴随左右，他们才会觉得自己的心是真实的。

十、满足前卫性的设计原则

当今社会尤其在西方，总有极少数追求极端前卫潮流的青年人群，引导着一股极为另类的时尚与消费潮流，形成独有的生活方式与价值观，不乏有其消费的娱乐空间，娱乐方式也极为新潮前卫。他们认为"酷"已经不是最时髦的Style了，要想标新立异，就得拿出惊世骇俗的手段。他（她）们野性十足，个性开放，放荡不拘，大胆裸露，冷漠不屑，神秘诡异又风情万种，是愤怒和"垮掉"的一代，用服装"刺伤"男人的眼睛，将恐怖与颓废元素体现在时装、化妆、配饰与发型中，使人惊诧不已，时时冲击着人们平淡的生活。

第四节　满足技术要求的设计原则

娱乐场所是人聚集的地方，为了保障娱乐场所健康地发展，保障娱乐场所的财产安全，防止意外的安全事故，为了保障人们的人身安全，与娱乐场所相关的法律法规很多也很细，技术性的要求也非常高。

如：娱乐消防安全的技术要求、灯光的技术要求、音响的技术要求、污水处理的技术要求等……

一、娱乐消防安全的技术要求

中华人民共和国公安部第103号文件《娱乐场所治安管理办法》对娱乐场所的安全技术作出了明确的规定和要求。包括总则、娱乐场所向公安机关备案、安全设施、经营活动规范、保安员配备、治安监督检查、罚款、附则一共有八个章节。

二、娱乐场所灯光的技术要求

娱乐场所的灯光很多，根据用途的不同，其灯光与灯具运用也不一样，照明系统也有不同的技术要求。娱乐场所的用电应请专业设计工程师来做，并作详细的计算。如：表演区域的灯光，有面光、顶光、侧光、天幕光、地幕光和追光等。

娱乐区的灯光，花样变幻多、色彩变化快、动感强烈，灯光的用途分为陪衬灯和效果灯两类，灯光包括边界灯、频闪灯、霓虹灯、彩虹管、蛇管、紫光管、雷光管等。

休息区的灯光，一定要注意有品位，注意灯光分布的均匀，避免眩光刺眼。

交通区域的灯光，主要用在走廊、台阶、转角的地方，常采用彩虹管、蛇管等。给客人以警示，同时也有明显的导向作用。

灯光的控制问题，也有一些技术要求，如：灯具应该编组控制，以变换不同的灯光气氛；为了确保用电的安全，还需要从技术上，通过计算保证灯具的总电流（功率），不能超过控制开关的负荷；另外还要合理选用灯控的系统，包括空气开关、多路开关板（如12路）、走灯机（如4路）、多路程序控制台（如16路灯控台）、多路调光台（如24路调光控制台）以及专门与电脑用灯配套的电路灯控制器等。（B3-4-1）

B3-4-1 歌城灯光的运用很重要

三、娱乐场所的音响技术要求

音响设备是娱乐场所一个重要的组成部分，技术要求很高，应该严格地按照相关规定进行设计，工程也必须按照相应的技术规范进行施工（请参看相关的音响设计要求及规范）。

四、娱乐场所的污水处理的技术

为了控制城市水污染，促进城市污水处理设施建设以及相关产业的健康发展，根据《中华人民共和国水污染防治法》、《中华人民共和国城市规划法》和《国务院关于环境保护若干问题的决定》提出了《城市污水处理及污染防治技术政策》，其中有详细的要求和规定（建成[2000]124号 2000-05-29实施）。

第五节 满足差异化（独特个性）的设计原则

差异化是娱乐场所通过树立与众不同的独特个性。差异化策略是企业市场竞争的有效手段，是企业独特文化与个性的展示，是营销活动的核心，是为客人提供具有文化的主题价值。因此，要想设计出有独特个性的娱乐场所，必须满足差异化的设计原则，才有助于企业的发展。

一、差异化的基本概念

差异化就是企业必须有自己独有的理念内涵、设计风格和独有的技术优势、管理优势、服务优势，在同类娱乐产品中推出自己个性的经营理念：包括价格、形象、VI系统、营销策略等。给顾客提供个性化的精神享受和文化体验，从而创造比经济价值更高的文化价值。差异化包含的内容很多，包括产品的、情感的、服务的、流通的等等，在这里，我们着重介绍娱乐场所文化的差异化。

二、文化差异化的意义

娱乐文化的差异化就是企业具有不同的个性文化，为顾客带来不一样的空间体验。想要在竞争中减少竞争对手，企业常用差异化的营销策略来抵御竞争力量。当个性化的娱乐场所被顾客喜欢，企业就拥有了一批忠实的顾客，同时也保证了企业稳定、持续的发展。

娱乐文化空间设计的创意表现，取决于设计的定位和构思，把娱乐的差异化作为创意的源头，娱乐的文化就会更加丰富多彩，形成绚丽多姿的文化形式。

三、娱乐文化空间差异化的形成

创造任何一个具有独特个性的产品，都必须有一定的风险，当需要用差异化来吸引顾客的同时，个性化的产品也需要付出更多的成本，所以我们的设计定位就需要精心的策划，选择差异化的产品开发的条件，才能把风险降到最小。差异化的条件包括了必要性、独特性、前瞻性、优越性、可行性、利润回报等不同条件。这些条件都影响娱乐空间的设计定位和创意。

第六节 满足娱乐的社会功能的设计原则

娱乐的另一个重要功能是社会功能，娱乐让人们之间的交流和分享变得更加容易。大家在一起可以自由地观看、讨论、评价、倾诉等等。娱乐给大家提供一个轻松的环境，人与人之间没有了工作中的利益压力、经济压力等，充分享受相聚带来的快乐和开心，所以娱乐的社会功能可以促进社会关系的交往和维护，成为人际之间的一个润滑剂。有利于社会的稳定和发展，有利于人际交往和情感的建立。

社会学研究表明，娱乐业给大家提供的不仅仅是享乐、逃避压力的社会功能，也让人们提高了生活品质，还有了对幸福生活的追求。人们不只为吃饱穿暖而活，还追求生活的品质。这种既在拼命地工作又享受着无忧无虑的休闲生活，体现了现代人的价值观。

当然还有一些生活贫困的人群和经济落后的地区，他们在为改善生活和物质富裕而努力，同时也向往有闲阶层的休闲娱乐生活，对多姿多彩的娱乐生活充满了憧憬。如：现在出现的电视娱乐、网络娱乐就是把娱乐大众化，走向了人们的生活，娱乐从此被移植到了社会的范畴，娱乐的社会功能更显得举足轻重，其社会责任也更为重大，承担起了引导、教育的社会功能。(B3-6-1、B3-6-2)

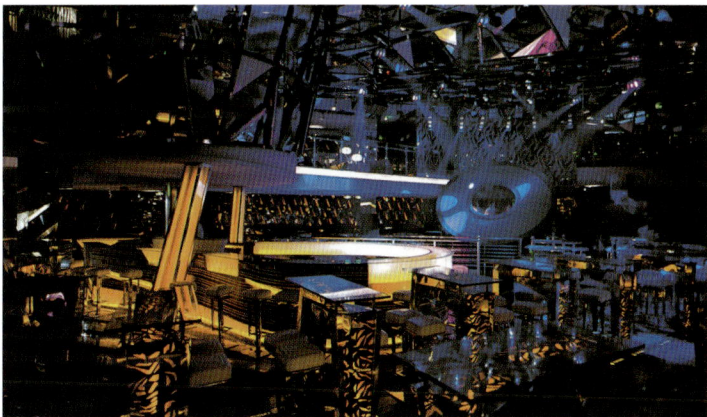

B3-6-1

B3-6-2

B3-6-1、B3-6-2 迪吧让人们放松、释放、满足

本章小结：

1．主要概念与提示

（1）娱乐文化空间的功能

接待大厅的功能是展现娱乐场所的经营主题和特点的地方，为客人明确所要达到的目的和方向。

休息等候的功能类型包括：接待大厅的休息区，是属于共享空间的休闲区；茶座休息区，是一个经营的休闲场所；室外的休息区，是把景观和休闲结合的一种休息形式；阳光休息区，是一壶好茶加阳光、一本好书加阳光的另外一种意境；网络休闲区，是在娱乐活动的空暇，为顾客提供网络是必不可少的。

娱乐区功能，不同的娱乐文化空间具有不同的功能要求。

（2）娱乐空间的技术要求

娱乐场所是人聚集的地方，为了保障人们的人身安全，娱乐场所有相关的法律法规很多也很细，技术性的要求也非常高。娱乐消防安全的技术要求、灯光的技术要求、音响的技术要求、污水处理的技术要求等都有明确规定。我们在设计和施工时，必须严格遵守中华人民共和国公安部第103号文件《娱乐场所治安管理办法》关于娱乐场所的安全技术的规定和要求。

2．基本思考题

分析观演娱乐场所、健身娱乐场所、高尔夫娱乐场所、游艺娱乐场所、歌厅娱乐场所、迪斯科娱乐场所、慢摇吧娱乐场所、茶楼场所、咖啡厅场所的娱乐特点，分别说出它们的功能要求。

3．基本训练题

（1）以第二章的基本训练题为基础，继续完善平面设计图。

（2）在确定平面图以后，做出顶棚设计图与老师沟通，并绘制成规范的顶棚图。

（3）在确定顶棚设计图后，做出立面设计草图与老师沟通，并绘制成完整和规范的立面图。

第四章 娱乐文化空间设计的创意表现

第一节 确立娱乐文化空间的主题意念

主题是设计作品中最重要的核心，娱乐空间的主题思想是通过娱乐空间的色彩、符号、材质、灯光等语言表达出来的特定内涵信息。优秀的娱乐空间设计都必须有鲜明的主题思想，贯穿在空间的每个角落，包括空间的流程、休息区、服务、服饰、语言……在娱乐餐厅主体创意方面有许多优秀的例子，下面我们选几种有代表性的主题来分析。

一、以休闲为主题的娱乐空间设计

休闲被人们所喜爱，那么什么是休闲？"休"在《辞海》中被解释为"吉庆、欢乐"的意思。"人倚木而休"。"闲"通"娴"，具有娴静、思想的纯洁与安宁的意思。在这里，休闲指的是人们在非劳动及非工作时间之内可以自由地支配和利用时间，从事满足自己身心需求的一切活动，达到身心的调节与放松，体能的恢复，并以身心愉悦为目的的一种业余生活，是人生存整体的一个组成部分。

休闲场所就是为人们提供一个可以身心放松的平台，在这里可以有效地促进能量的储蓄和释放，它包括对智能、体能的调节和生理、心理机能的锻炼。

休闲最重要的是让人的心灵得到放松和愉快，林语堂先生说："消闲生活并不是富有者和成功者独享的权力，而是一种宽怀心理的产物……这种心情由一种达观的意识产生。享受悠闲的生活是不需要金钱的，有钱的人也不一定能真正领略悠闲生活的乐趣，……他必须有丰富的心灵、爱好简朴的生活，对于生财之道不放在心上。"（B4-1-1、B4-1-2）

1. 以洗浴为主题的休闲娱乐空间

今天的"洗浴"，"洗"的功能相对地淡化，而"浴"日益突出，大大丰富与扩展了它的内涵与外延。人们从洗浴中发掘出更多的休闲娱乐享受，特别是养颜保健的作用被强化。如中药浴、牛奶浴、SPA美体……浴室还结合行业的特点引进了一些娱乐项目。比如，有卡拉OK包间、大厅放映电影、棋牌室等运动项目都引进到浴室中来。当然，还有许多人一边沐浴，一边谈公事，浴室也成为不少人青睐的社交场所。

B4-1-1 休闲娱乐中心的接待等候区以中国传统文化为主题

B4-1-2 洗浴中心的接待厅

温泉洗浴方式　温泉的形成是地壳内部的岩浆（或火山）不断地释放出大量的热能，只要附近有含水岩层，会受热成为高温的热水，这些热水从岩石裂隙上源源不断地上升涌出地表，流出地面，形成温泉。当我们身体在温泉里浸泡时，大部分的化学物质会沉淀在皮肤上，改变皮肤酸碱度，故具有吸收、沉淀及清除的作用，给人们治疗皮肤病、关节炎、风湿、筋肉酸痛等疾病。泡温泉还能消除疲劳，提神醒脑，加深睡眠，促进新陈代谢和血液循环。

温泉多处于山间野林、风光宜人之地。无论酷暑，还是严冬，都是春意盎然，哪怕是秋风萧瑟的时节也会感到暖意融融。所以泡温泉能让人们享有一份远离城市喧嚣、亲近大自然的悠闲惬意，得到自然、休闲、健康三位一体的休闲享受。

最早的温泉只是简单地泡，就是人们常说的"泡汤"；随后泡汤加上了游戏，强调温泉的动感、丰富内容；于是温泉文化也随之形成，成了洗浴加入休闲的独特文化，后来温泉伴随着休闲旅游出现了；随着人们对健康的日益重视，温泉文化引入了保健概念的全新温泉，提供适合不同体质的温泉浴，它现在是老少皆宜的休闲娱乐项目。

芬兰浴洗浴方式　芬兰浴是特殊的洗浴方式，属于干蒸。按照芬兰的传统建造的桑拿房，有严格的施工要求和温度控制，桑拿房必须用耐高温和防水性很好的芬兰木，用桦木作炭烧热火山石，蒸房内的温度可达到70度左右，在芬兰木的芳香中体验毛孔绽放。

土耳其洗浴方式　土耳其洗浴是土耳其帝国文化的一个有代表性的部分，与土耳其民俗文化和生活习惯密不可分，客人净身后，再浇上沐浴液由按摩师进行全身推拿。土耳其洗浴和很多民俗相连，如：新娘浴、婴儿浴、参军浴、悼念浴、……

天体温泉洗浴方式　属于日本的一种洗浴文化，也称裸浴。人体在天然的温泉里享受阳光和自然的天气，毫无保留地感受自然带来的洗礼。在日本有沙浴、泥浴、蒸汽浴等方式。（B4-1-3～B4-1-5）

2．主题会所与休闲娱乐空间

会所是伴随着社会经济发展而诞生的，是经济发展下时代的产物，体现了社会文明的进步和精神文化生活的需求。会所在不同的历史时期有其独自的会所文化和社会功能，从而也展示了特定历史时期人们的喜怒哀乐、人们的审美需求、人们的生活习惯……加入会员也有一定的标准，由于标准不同，其权限的要求也不一样，让沟通平台更加合理和长久，让入会的人体验会所带来的安全感、归属感和荣誉感。

会所的发展初期，是实行会员制的形式对内部开放，大家聚在一起就餐和聊天，是一个很单纯的会友的形式。随着商业的发展和人们需求的不断提高，会所的功能更为综合化，服务的范围和设施更加完善。会所是一个都市文化载体，体现了都市文化底蕴、人们的文化品位、修养。如：起源于17世纪的英国俱乐部，体现了英国上流社会传统的社交礼仪、社会交往、华丽的环境、做工精美的设施、讲究的礼服……在会所的每个角落都体现了大英帝国的气魄和绅士风度。

会所分为公共会所和私人会所两大类，公共会所面对社会

B4-1-3　三温暖区包括冰水池、超音波池、蒸汽室等多项设施

B4-1-4　大池旁设置有坐式的淋浴和搓背区

B4-1-5　洗浴中心的休息大厅

开放，属于以会员制形式的商业会所，以休闲、娱乐为主要功能。私人会所针对特定的人群，大多由特定人群的固定人员组成。如果要有新的会员必须由会员推荐，不接纳陌生的客户，有严格的安全制度、保证私人拥有绝对的隐私空间。常见的会所有住区会所、商务会所、健身会所……（B4-1-6～B4-1-8）

住区会所　随着我国住宅建设的飞速发展，人们的生活水平不断提高，人们对居住的需求从单一的居住需求提升到了精神与文化需求，人们需要思想与情感交流的地方。此时，住区

B4-1-6　会所的进厅散发出生态气息

B4-1-6a　休闲会所的大门入口

B4-1-6b　休闲会所的棋牌室

B4-1-7　餐厅是住区会所的一个重要配套设施

B4-1-8　住区会所的接待厅

会所就给人们提供了结识交流的场所，住区会所越来越多地出现在居住区中，成为住区建设不可缺的配套建设项目。会所设有茶楼、健身房、读书屋、餐厅、室内游泳池等功能。

商务会所　是为广大的商务精英提供一个交流、结识、合作的平台。主要有商务人士、中小企业家、艺术家和中等收入以上有一定文化品位的人群。主要功能有商务信息交流、商务会谈服务、商务研讨及培训、招商、人文艺术交流……还有配套的餐饮、娱乐、休闲、健身等服务功能。

健身会所　是以健身运动为主的会所。在生存压力巨大的今天，健身已经不再是一种时尚，为了获得健康，健身运动已被越来越多的人所接受，它已逐渐成为人们生活中的一部分，越来越多的人成为健身会所的会员，健身会所如雨后春笋般出现在街头巷尾。根据健身会所的规模有不同的功能，包括游泳池、网球或羽毛球场、高尔夫练习馆、保龄球馆、健身

操房、健身器械区、单车房、瑜伽室等娱乐健身场所，还配套有中西餐厅、酒吧、咖啡厅、网吧、阅览室等其他服务设施。

3. 主题度假村与休闲娱乐空间

度假村是根据自然界天然的旅游资源而建成的。根据不同的地理环境和自然气候形成不同的休闲功能，包括滨河度假村、森林度假村、温泉度假村、草原度假村、谷地度假村等类型。

温泉主题度假村　是以温泉洗浴为主题的休闲度假酒店，主要包括温泉泡浴、水疗、康体、养生、戏水等休闲养生类项目，使天然的泉水融入人们的休闲生活，这是区别于其他度假酒店的独特之处（在温泉与洗浴休闲娱乐空间里有介绍）。

草原主题度假村　是依托于草原的蓝天、绿草、野花、辽阔的草原、空旷而恬静的牧场，娱乐项目有民族歌舞，如骑马草原民俗度假村。在内蒙古中部最大的九十九泉草原度假村，采用了蒙古族蒙古包的民居生活，让人们体验传统毡式的蒙古包就有168座，4400平方米的服务配套大楼，可接纳1000多人的旅游度假，让人们领略草原民族的风土人情，感受蒙古包特有的民俗风情，草原主题风格在这里不仅展示了我国多民族的传统文化，而且也给现代人们带来不一样的生活体验。

谷地主题度假村　谷底主要是根据山谷为主题，把自然形成的山地、山丘、山谷、山凹呈现出来，经过不同的自然现象来营造这一难得的谷底景观。落基山最长谷地玛琳大峡谷自然形成有 1 公里宽、5.5 公里深的垂直陡峭的崖壁，由于玛琳河急流的水，流过石灰石岩，经过 1 万多年的侵蚀而形成难得的自然景观，吸引了全世界的喜欢峡谷景观的爱好者，也很好地利用这个主题来促进旅游的资源。

二、以运动为主题的娱乐空间设计

我们研究运动主题的娱乐空间不包括竞技运动概念，作为休闲运动的娱乐空间其主要给人们提供一个运动的场所，同时享受悠然自得的健康情怀，让更多的人因参与运动而带来乐趣。运动主题是以运动历史文化为支撑、以产业为平台、以科技为手段、以生态为背景的健康产业，使人们的体育活动具有交流性和休闲性。下面我们举几个有代表性的运动主题休闲场所作较详细的介绍。

1．以全民运动为主题的城市运动公园

城市运动以给居住在城市里的人们提供健身休闲的体育项目和增强国民的健康素质为目的，向大家展示一个城市的地方文化和健康理念。由于城市体育是服务于广大的老百姓，所以体育项目就更具有多样化和普遍性，有针对青年、少年、老年等不同类型的，再加上一个城市对外的交往，在城市运动公园的规划上应展示城市的风貌和历史、人文环境、精神文明等诸多因素。

如：西安城市运动公园，体现了西安城市运动的精神，中华民族的历史和文化，把体育和城市风貌很好地结合在一起。公园里的开敞式体育活动形式有很强的包容性和接纳性，根据西安的地理气候，种植了大量的树木，以防止风沙带来的环境污染。在道路的规划中，独立的步道系统给人们提供了散步和晨跑的方便，把道路和景观结合起来，道路随景点延伸，景因道路而展现。将自然生态的环境与运动休闲的功能完全有机地结合在

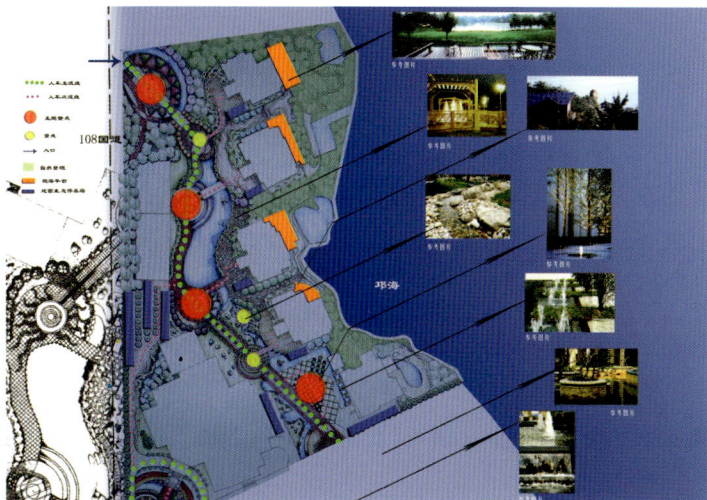

B4-1-9　以海滨为主题的度假酒店

一起，体现了西安建立绿色城市、绿色运动的决心和精神，同时让城市得到可持续发展，造福后代的长远规划。

2．以漂流为主题的度假村

急流勇进是漂流的主题，体现了人们敢于挑战自然、挑战自己的勇敢精神。隐藏在绿色的大峡谷中的激流，在蜿蜒曲折中充满太多的诱惑，河里的巨石险滩形成的湍急流水，充满刺激，漂流活动融合了惊险与刺激、浪漫与奇趣，使人与大自然融为一体，在有惊无险中挑战你的勇气、胆略、毅力；在急流巨浪中搏斗，感受大自然的力量，漂流旅程带给挑战者全新的感受，在快乐中体验惊险、刺激中战胜自我、急流中收获浪漫！

3．以沙滩运动为主题的度假村

魅力四射风光无限的金色海滩，被称为最阳光的运动项目备受人们的青睐。渴望阳光碧海的游客，从全球各地不辞辛劳地涌向海滩，享受一个充满惊奇与欢乐的海滩运动。沙滩运动为主题的度假村是以沙滩运动和享受阳光为主要内容来吸引人们的特色项目，结合其他的配套服务形成的度假酒店。沙滩运动主题的开发有很多年的历史，而配套设施非常成熟。

如：在夏威夷，冲浪运动已经有 600 年的历史。闻名的威基基海滩，以珊瑚礁激起的浪花吸引了许许多多的冲浪爱好者，海浪的高度能达到 8 米，形成非常壮观的海景，冲浪者倍感刺激。还有沙滩排球、沙滩足球、沙滩摩托、快艇、摩托艇等多项沙滩运动项目都充满了诱惑力。有的还开展了沙雕作品展、沙雕比赛、嬉沙亲沙、沙疗健体、沙滩球类等活动，与沙自然的亲近，在娱乐中领略大自然的神奇和快乐。（B4-1-9）

4．以羽毛球、网球运动为主题的俱乐部

"俱乐部"是英文 Club 的音译。以运动、音乐、旅游等为主要活动内容的俱乐部，其成员都有相同的爱好，他们在这里交往娱乐，满足安全、地位、社交等需求。许多人参加团体运动项目是为了在娱乐中享受那种亲密无间的情谊和一种特有风味的归属感。

羽毛球运动为主题的俱乐部，就是通过以羽毛球为主要内容的活动为广大羽毛球爱好者强身健体、为会友提供一个舒适而轻松的环境。俱乐部同时也注重羽毛球运动"精英"的培养，

提高球技，在专门的教练指导下提升技能。

网球运动为主题的俱乐部，就是通过网球为主要内容的活动达到健身、交友、舒心的作用。网球是一项优雅而激烈的运动，由于网球有很长的发展历史，所以网球主题也包含了自身浓厚的文化底蕴。网球运动最早起源于12～13世纪法国传教士在教堂回廊里用手掌击球的一种游戏。后来成为宫廷里的一种室内消遣娱乐活动。在美国非常普及，后来传遍了全世界。网球的魅力在于有很强的参与性和优雅的视觉享受，现代网球运动包括了室内网球和室外网球两种形式。

5．以轮滑运动为主题的社团

大约100多年以前在美国就组织了"纽约轮滑运动会"，轮滑运动的兴起受到年轻人的喜爱，随着历史的发展，在世界各地都成立了自己的轮滑社团，在技巧和场地上有严格的规定。轮滑运动是一项充满技巧、竞技、表演、健身、娱乐、惊险的运动，对场地的要求不高，容易开展。轮滑的形式丰富，包括速度轮滑、花样轮滑及单排轮滑和双排轮滑。广义轮滑运动包括竞技滑板、空中滑板、轮滑（单、双排）等。其主题体现青少年积极向上的生活，充满了青春活力，在轮滑中互相鼓励的团队协作精神。

6．以滑雪为主题的娱乐会所

随着时代的发展，滑雪也成了一项时尚的运动。在我国北方，滑雪成为冬天的一项主要运动，在南方，海拔较高的地方（在冬天能积雪的大山里）也建立了这个项目，在寒冬里往往是人们首选的室外运动项目。人们不远万里，戴上行囊，去感受白茫茫的冰雪美景和银装素裹的冰雪世界，在欢笑声中享受朋友之间的友情和家人之间的亲情。滑雪为主题的娱乐休闲会所具有自己独有的魅力和纯洁的浪漫色彩，与室内形成强烈的对比，在冰天雪地包裹下的度假村像家一样的甜蜜，宽大的客厅、温馨的餐厅、浪漫的卧室，都体现了舒适和安全。滑雪运动吸引着越来越多的国内外游客，极大地促进了各地区旅游经济的发展，并对冬季旅游的发展起到了积极的推动作用。

7．以健身为主题的娱乐会所

健康运动是健身的中心主题，为都市忙于奔波的人们提供一个方便的健身场所，并且配

有私人教练，能够对顾客的运动方式进行规范化的教授，并实行一对一的指导，让大家懂得正确健身的方法，在有限的时间内更为有效地锻炼。

健身娱乐会所的功能：健身区分为有氧健身区和无氧健身区，进行身体各个部位的肌肉训练、体能训练以及形体训练。洗浴区有淋浴、桑拿浴、牛奶浴、花瓣浴、冷水浴等不同需求。更衣间有干风机、穿衣镜、体重秤人性化的服务。（在前面的主题会所与休闲娱乐空间也有介绍）

三、以生态为主题的度假村

人类文明的发展必须遵循自然的生存规律，在生物与生物之间、生物与环境之间相互依存、相互作用。人类文明的发展是遵循在人、自然、社会和谐发展的基础上，从而建立起物质文明和精神文明。人只有与自然、动物、社会和谐共生，才能共同繁荣。

中国儒家主张"天人合一"，其本质是"主客合一"，肯定了人与自然界的统一。生态度假村的建设就是把自然生态纳入人类可以改造的范围，在设计上我们必须遵循保护自然和合理的开发利用自然，作长远的计划。

以生态为主题的度假村，可以利用野生的动植物自然的生态景观，结合休闲的娱乐项目建造度假农场。度假村里可以规划出野生动物区、自然雨林生态区、野生植物保护区、生态广场、景观卫生间、自然风情区、水的循环系统、废物的再利用等一系列功能区，使自然环境和旅游经济得到良性发展。

1．再现农村生活的农家乐生态度假村

都市里生活的人们成天总是围绕着信息交流、技术更新、数据库的建立、紧张的谈判、研发、交流、流通、转换、股票、网络、多媒体……使他们感到厌倦和疲惫。渴望着郊外的农村生活、清新的空气和自然风光，已成为钢筋混凝土森林里的人们追求的一种时尚了，在农家乐里呼吸没有污染的空气，欣赏着青山绿水，品尝着甜甜的井水，无饲料喂养的鸡鸭和充满野味的野菜……这种全新的生活体验，让人的身心都得到极大的放松和满足。

农家乐生态度假村主题的定位，主要是根据不同地方的农村生活为原形，不需要特意寻找与农村生活不相干的主题，只需要展示农村的生活场景，比如：院落住宅的民居建筑、农村的人际关系，生产特色包括生产工具、生产劳动的场景等。为客人提供干净的住宿、客人参与一定劳动带来的感受，让疲惫的心得以彻底的放松。（B4-1-10、B4-1-11）

2．以植物为主题的生态度假村

绿色的植物世界给度假村带来新鲜感，也给喜欢植物的人们提供一个快乐的天地。植物生态度假村除了拥有丰富的生态资源，还给客人设计了人文民俗活动的体验。

植物为主题的度假村主要是根据当地的植物生长情况来打

B4-1-10　生态度假村的餐厅楼，以中国红为基调

B4-1-11　农家乐生态度假村的餐厅

的蝴蝶园，令人感受斑斓的蝴蝶世界，在蝴蝶的世界里您能亲眼见到从蝴蝶的交配、产卵、结蛹到羽化的过程，让我们感受到蝴蝶生命的奥妙。农场还为世界上喜欢蝴蝶的爱好者提供了一个很好的观赏、学习天地，为专家提供了一个研究的平台。

造的，植物品种繁多，形态千奇百怪，植物有不同的地域性，植物生长和花期也有不同的季节性，选择有特点的植物作主题打造。

比如：热带的仙人掌就可以展示度假村的主题思想，仙人掌的世界实在很神奇，仙人掌的品种繁多，而且造型各异，许多仙人掌每年能有2次开花，还能弥漫着花香，令人心情愉快。以仙人掌植物为主题的度假村其中心的主要功能是植物文化展览，通过图片、实物、标本、文字、动态演示、讲解系统等方式，完整系列展示，静态动态结合，营造一个全面了解仙人掌文化的空间，既适应专业研究的需要，也能够为普通游客所接受，给人提供纯自然的植物餐饮等，度假村也应该建在植物的怀抱中，把自己融入植物中。

3．以动物为主题的生态度假村

野生动物太让人期待，它们的生活场景是难得一见的景观，喜欢动物的人越来越多，动物保护意识也逐渐走进了人们的心里。动物度假村的建立，必须遵循相关的动物保护的法律法规，在不打扰动物栖息的情况下，有计划感受动物的快乐和自由。

比如：许多鸟都能作为主题来开发旅游，以鸟为主题的生态度假村，采用部分限制性的管理，合理的规划观鸟点，远离度假村的生活区，尽量减少对鸟类活动的干扰。在规划中还应该考虑构建鸟的食物链，做到水体不被污染，水生植物丰富，地面的植被保存良好，为鸟类创造一个完全生态的自然环境。度假村的主题也围绕鸟类来展开，构成一个人与鸟和平相处的生态乐园，让各种各样的鸟能自由地在游客身边飞翔，听到鸟鸣的声音，感受丛林里鸟语花香的仙境。如有以天鹅为主题的生态度假村、以长颈鹿野生动物为主题的度假村、以孔雀为主题的生态度假村等。

台湾有一个占地70多公顷的生态农场，为客人提供了38个观赏区，其中有一个以蝴蝶为主题的生态公园，是亚洲最大

第二节　注重娱乐文化空间的情感内涵

每个人的情绪总是要通过一定的情绪宣泄和释放出来，为自己的心灵找个歇息的地方，不仅有益于人的身心健康，还有利于社会的稳定。优秀的娱乐文化空间不仅要有科学而合理的功能流程，还应该深入分析情感空间的表达，以人的情感需求为依据，通过色彩的情感内涵、光影的情感内涵、材质的情感内涵来塑造情感空间。

自从人类开始有了建筑，室内就是人们生活的主要场所，并开始对室内环境的意境有所要求。随着人类社会的进步和发展，人们对室内环境的诸多要求也在不断提高，要求更加丰富化和多元化。当今大量的室内建筑中，风格各异、色彩斑斓、恰到好处的色彩运用，带给人们美的享受。现代环境创造的手法极为丰富，不同的环境设计而采用不同的手法，创造出性格迥异的环境气氛，如此的注重色彩的搭配、光影的处理、材料的运用，使得人们生活在独具魅力的建筑环境中，亦使室内设计的概念和含义也随之不断延伸。

一、娱乐文化空间的色彩情感内涵

色彩带给人们的是最直观视觉感受，人们在感受物质环境的时候，色彩最容易影响到人的情绪，使人的情感产生联想。娱乐空间设计是通过人的智慧来塑造我们真正的情感。

室内色彩除对视觉环境产生影响外，不同的色调有不同的情感内涵和心理暗示，还直接影响人们的情绪、心理。科学地运用色彩有利

于工作，有助于健康，色彩处理得当，既能符合功能要求又能取得美的效果。室内色彩除了必须遵守一般的色彩规律外，还随着时代审美观的变化而有所不同。

1. 高雅简洁的孤傲空间

白色，看似平淡无奇，其实却是最玄妙的一种色彩——一种无声胜有声的境界。白色调空间可以扩大人们的视野，让人遐想；白色调空间高雅，让人们的心灵宁静；白色调空间简洁，让人们的心灵纯洁；白色调空间清爽，给人恬适……以白色为代表的高雅简洁空间，白色基调中带有一种隐含的色彩倾向，如：奶白色系列、米黄色系列、淡淡的浅蓝色系列等，更有一种高贵淡雅的视觉感受，常常用于咖啡厅、主题会所……（B4-2-1、B4-2-2）

2. 色彩流动绚丽的张扬空间

流动的空间色彩跳跃艳丽，空间氛围耀眼而华丽，它是年轻人的舞台。在这里，年轻人以一颗火热的心，希望凸显出自己的个性。色彩绚丽的性感空间，张扬着多彩的世界，诠释着人们的生活。

绚丽色彩调的空间多用于迪吧、酒吧等个性空间。（B4-2-3～B4-2-5）

3. 色彩斑斓的多彩空间

色彩斑斓是形容色彩复杂、花样繁多，斑斓就是指颜色灿烂丰富、美轮美奂。色彩斑斓的空间蕴涵了生活的丰富多彩、心情的怡然自得和阳光明媚的日子……在这里，人们对生活充满了希望，对未来充满了憧憬。色彩斑斓调常用于阳光为主题的度假酒店和美容美发会所等轻松的休闲空间。（B4-2-6a、B4-2-6b）

4. 热情似火的时尚空间

热情似火是指热情特别高。热情似火的时尚空间多采用暖色调，如红色调、橙色调……它代表了主人热情似火的服务态度，还代表了顾客热情似火的人生态度。它常用于以年轻人

B4-2-1 略带野趣味的白色空间

B4-2-2 简约风格的白色餐厅也有情调

B4-2-3

B4-2-4

B4-2-3、B4-2-4 色彩绚丽的酒吧

B4-2-5 晶莹的玻璃和银镜放射着绚丽的色彩，为人们营造了多彩的世界

B4-2-6a　　　　　　　　　　　　　　　B4-2-6b

B4-2-6a、B4-2-6b 墙上绘有色彩斑斓的动植物，野趣、生动、自然宜人

B4-2-7a　红色的酒吧

B4-2-7b　红色和花草图案是现代女孩热情和妩媚的性格

4-2-7　红色在空间　　　B4-2-8　金碧辉煌的餐厅常见于五星级酒店
里显露出张扬的个性

为主的酒吧、会所、网吧、量贩KTV……（B4-2-7～B4-2-7b）

5．金碧辉煌的华丽空间

金碧辉煌指建筑物的装饰华丽，光彩夺目。这种华丽的空间首先要采用高档的材料，地面、顶面、墙面都透过材料的质感，处处显露蓬荜生辉的气派。如花岗石、大理石等材料。当然，空间的风格也需要有显示富丽堂皇的主题，如尊贵典雅的欧式风格……金碧辉煌的华丽空间常见于五星级酒店、高档会所、主题歌城等。（B4-2-8）

6．文化回归的沉稳空间

在经济发达的当今，追求文化氛围成为许多休闲娱乐空间的主体风格。人们不再停留在实用、整洁、美观的简单要求上，而是希望在环境里承载着历史和文化，特别是我们悠久的、经典的中华民族的传统文化，每个细节突出自己的文化品位和底蕴。传统的建筑符号、色彩、书画、青花瓷器、玉器等的文化特征，出现在我们的空间里。这里没有华丽的材料、绚丽的色彩、金属的质感，只有木材的芳香、青石的沉稳。常见于书吧、茶楼、主题会所……（B4-2-9～B4-2-11）

7．风情万种的柔情空间

风情万种是形容男女暧昧的柔情。什么样的色彩才最能传达这种情怀呢？有紫色、玫瑰色、粉色……当然，与浪漫有关的故事和地方经常出现在风情万种的柔情空间，比如，普罗旺斯是个盛产浪漫故事的地方，阳光撒在盛开的熏衣草花束上泛出金色的蓝紫色和粉紫色是对法式浪漫的最优美诠释。熏衣草的蓝紫色魅力是人们无法抵挡的，大片醉人的粉紫色把人带入梦境。柔情色调常出现在与女人有关的娱乐空间，如美容会所、女人吧、主题会所……（B4-2-12）

B4-2-9 稳重的空间个性，一幅幅老照片讲述着古老的故事

B4-2-10 舒适的小咖啡厅

B4-2-11 传统的木屏风分割出休息区

B4-2-12 浪漫的紫色和暧昧的灯光让空间风情万种、柔情似水

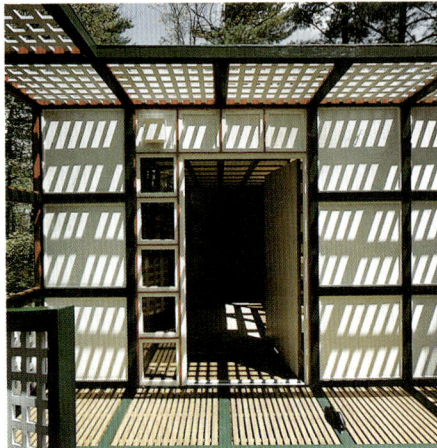
B4-2-13 自然光影在改变着空间，它让空间随着时间、随着太阳流动变换

B4-2-14 柔和矜持的光烘托着空间

二、娱乐文化空间的光影情感内涵

人类对大自然的喜爱是因为在灿烂的阳光下，能呼吸清新的空气、享受绽放的绿意、体验和煦的微风，阳光让万物复苏、让我们的生命得到延续，阳光给我们带来了美丽的世界、绚丽而多姿的色彩。光的情感表达一直是设计师智慧的展现，通过光影不同的塑造能让人感受不同的情感空间。

光影是娱乐空间的灵魂，空间的塑造就是光和影的塑造，通过光影表现增强空间的情感内涵，使主题得到强化、虚化、朦胧、悠远、亲密等不同的空间感受，让特定的空间得到渲染，变换的光影也能带动人们的心理一起流动，把景和境有机地结合在一起，呈现出天人合一的最高境界。（B4-2-13～B4-2-15）

1. 悠远而闲情的海滩光影

曲折蜿蜒的海岸线悠远而神奇，阳光下的海滩可以让时间在这里凝固，心情在这里平静，带着闲暇的心情去感受霞光铺满的海岸、惬意地躺卧在细软的沙滩上，尽情享受着上天恩施的阳光浴。那翩翩飞舞的鸥鸟，那金色沙滩褐色礁丛，那海湾远空的日出日落……令人陶醉。阳光下造就了奇妙的光影效果，带给人们的是远离喧嚣的闲情。

西班牙南部的地中海一带是著名的"阳光海岸"。有条长达161公里的海岸线蜿蜒伸展。色彩斑斓的太阳伞，点缀着银色海滩，绿色的地中海悠远而空旷，人们穿着各色的泳装在阳光下自由地嬉笑喧闹。在阳光照射下每个人都拖着长长的影子感受到难得的悠闲和惬意。

B4-2-15 全玻璃进厅享受着阳光的照射

2. 阳光而时尚的大厅光影

依靠自然采光的室内大厅，通过透明的穹顶使室内感受到室外的阳光和魅力，这是现代设计师常用的手段，让室内和室外同在一片蓝天下，不仅可以减少人工照明而节约能源，同时也能感受到室内光影带来的不同情感内涵。

如四川的九寨天堂洲际大饭店，大厅最大限度地让原始生态景观引入室内，雪域高原的阳光充满渴望，这座由钢拱架全透明玻璃结构建造的豪华饭店，阳光下的大厅展现出藏羌民俗风情。巨大的玻璃穹顶把酒店大堂全都笼罩，"破壳而出"9颗大树直冲云霄。大厅的光影述说着九寨的历史和文化，体现了九寨沟的优雅、神奇、幽美的自然风光和民族文化的光辉。

3. 爽朗而明快的室内垂直光影

把阳光垂直的照进室内，使室内空间更为亲切自然，光影能让空间更加丰富，给人带来爽朗而明快的情感内涵。垂直的光影能给封闭的室内空间带来活力，形成调节心情的情感空间，使人的心胸顿感开阔明快，使内部空间充满盎然生机。

日本景观设计师佐佐木叶二很善于运用阳光对室内的垂直光影，创造了许多优秀的作品，在花园都市塔楼的设计里，通过阳光和流水的碰撞，形成了丰富皱褶流水形式，让地下空间生动而有限，从他的作品里我们感受到光影的魅力与张力。

4. 流动而神秘的折射光影

光影在不同的季节、不同的时间、不同的空间都会有不同的感受，而折射的光影能创造出千变万化的情感空间，同时赋予人们不同的情感内涵，折射的功能，是通过透射、反射、漫反射、折射等方式形成流动而神秘的心理的感受。

5. 梦幻而朦胧的水立方光影

举世瞩目的2008年北京奥运会，献给世界的是梦幻般的水立方，朦胧优雅的东方光与影，水立方凭借独特的光影设计给世界人民带来了东方奥运的激情与魅力。水立方总建筑面积6.5万~8万平方米，通过光影赋予水立方水波及其带来的光的变幻的主题。

6. 平静而开阔的湖面光影

宽阔浩荡的湖面令人心旷神怡。湖水清澈又平静，天鹅飞过、野鸭嬉戏、小鸟在水面掠过，湖面映照着蓝天、映照着白云、映照着青山，给人们呈现的是宁静安谧，带给人们平静而开阔的情感空间。

三、娱乐文化空间的材质情感内涵

娱乐空间情感内涵的表达是通过视觉和触觉才能深入到人的心灵，空间的气氛烘托和环境对人的感受是通过材料为中介来体验的，材质的不同运用，带来的情感内涵也是完全不同的。

1. 石头的情感内涵

石头是大自然给人类最好的礼物，每块石头都在述说自己国家的历史，人类和一切生物都在石头上繁衍和发展，作为人类文明的代表，石头被赋予了太多的情感，石头背后也蕴藏着丰富的文化内涵。

埃及的度假酒店，室内外几乎全是用石头来作装饰，从这些材料中我们感受到典型的埃及石头文化，通过石头的造型、石头的雕刻、石头的柱式里，仿佛看到古埃及的文明历史和灿烂的埃及神庙、方尖碑、石柱群。

石头成为埃及文明最重要的载体，使得古埃及文明永远定格和留存，埃及的石头留给我们是坚定和永恒。

2. 木质材料的情感内涵

装饰材料是塑造感性和理性空间的载体，与人最直接最亲密的介质。人们对木质材料有一种天生无法割舍的情感，那是因为木质材料给人感觉亲切而有故事。如：枫木、橡木、云杉、松木和白桦所具有的柔和色彩、细密质感以及天然纹理非常自然地融入装饰设计之中，在娱乐空间里我们可以用在地面、墙面、天棚的设计中，展现出一种朴素、清新的原始之美。而从花梨、紫檀、花梨木等硬木中感受到自然的温柔；在楠木、樟木、胡桃木、榆木里品味它们的芳香和回忆。

3．玻璃材料的情感内涵

玻璃材料一直作为艺术品而被人关注，玻璃艺术有很长的发展历史，加工工艺也非常完善。玻璃的美丽不仅带给人们视觉上的享受，还有它的收藏价值，在光线的照射下，晶莹剔透，五光十色。玻璃材料早期作为装饰材料用于教堂，给人们带来天堂般的美丽和灿烂，有浓厚的宗教色彩。在过去玻璃仅仅只能满足采光和围护的功能。而现在玻璃的运用更为广泛，其功能和性能也更加完善，如隔热、隔音、防弹、防爆、调光、屏蔽、减反射、自洁，其功能已多达 10 余种，品种上百个。玻璃从性能上完全改变了原来的建筑玻璃的概念了。从安全性到情感内涵都给我们设计工作者提供了一个很好的表现平台。（B4-2-16）

不同的材质不仅能带来不同的情感内涵，同时也能创造不同的空间价值，还有许多材质都在前面讲到，在这里就不多举例。

第三节 娱乐文化空间的文化符号

符号是表达、传播意义、信息及知识的象征物。

符号是代表某一事物的另一事物，它既是物质对象，也是心理效果。符号是在人际交流过程中表达特定含义与感情的媒介物。

人类要认识世界，要获得知识信息，要参与行动的世界，就势必要走进"符号世界"，感知和体验形形色色的符号魅力。

符号就是指记号、标记。每一个建筑符号都有它特有的性质，它的由来背景、发展过程和使用特点等形成了它们饱满的文化意蕴。相类似的符号就形成了一种文化现象，它们是文化的产物。娱乐文化空间是一个由意义、理由、传达、个性等构成的四维空间。在这一过程中，符号构筑了厚重的文化内涵和多样的文化形态。

人类所有文化都演变为符号，一切文化形式都体现在符号形式里。在娱乐文化空间的设计中了解、研究与运用文化符号是必须的，了解符号的产生和演变过程，研究符号形式与意义之间的关系，为娱乐文化空间的设计提供创新的理论依据和方法。

一、中国传统文化符号再现娱乐文化空间

1．传统建筑的符号特征

（1）传统建筑空间的符号特征

中国建筑是封闭的群体的空间格局，中国建筑是院在内房在外，就是房屋包围院子。以院子为中心，四周由房屋、墙垣等围合成院落。或是由正殿、正厅构成的主单元为中心，由两厢构成的次单元围绕主单元（一正两厢），再由廊连接，组成一座富有生活气息的建筑。但是也体现了中国古代社会结构形态的内向性特征，宗法的思想和礼教的制度。

建筑之间的园林之中有廊、亭、轩、厅、树木、假山、池水等，构成了天人合一的中国传统园林。空间还层层递进，"庭院森森""庭院深深深几许"，令人心旷神怡。

（2）传统建筑结构的符号特征

建筑的木结构 中国传统建筑以木材为主要建材，这种木构柱梁为承重骨架，完整缜密的木结构建筑历史源远。传统的抬梁式和穿斗式结构建筑是由大量的柱、枋、檐、斗拱、梁、檩、椽、斜撑等构件构成，并且不论是何种建筑，结构上的基、柱、梁、檩、椽、斜撑等部分大都外露，用榫卯结合连接，不施钉子，形状上也加工成装饰构件——雕花和彩绘。无论是宫廷建筑，还是民间建筑，许多符号都可以在娱乐文化空间里延伸，如藻井天棚、挂落、雀替、悬鱼等。

建筑中的门窗、隔扇等装饰件 门窗不仅有采光、通风、密封等需求，还有装饰的功能需求，它传达了建筑的艺术情趣和文化内涵。从建筑历史、美学特征和文化，形成了丰富的传统建筑文化。作为建筑里门窗、隔扇等装饰件，也跟随传统建筑文化形成了丰富多彩的传

B4-2-16 水泥柱和玻璃的结合

统门窗文化，包括门窗的材料和雕饰工艺，门窗的造型、题材内容、构成形式、装饰特征等。

2. 传统文化中的符号

中国传统文化是中华文明汇集成的一种反映民族特质文化，包括了各种思想文化、观念形态的总体表征，它是由中华民族祖先所创造并世世代代所继承发展的，具有悠久历史、内涵博大精深、民族特色鲜明的优良传统文化。由于中华民族的历史悠久，地域广阔、民族众多，所以形成了广阔而浑厚的文化，也拥有了举不胜举的文化符号。

传统的文化符号覆盖在文化领域的方方面面：皇宫官府的宫廷文化；诸子百家的儒家、道家、墨家等；传统乐器包括笛子、二胡、古筝、萧、鼓、古琴、琵琶等；传统棋类包括中国象棋、中国围棋、对弈、棋子、棋盘；传统书画包括中国书法、篆刻印章、文房四宝、木版水印、钟鼎文、汉代竹简、甲骨文、竖排线装书、国画、山水画、写意画、敦煌壁画、太极图等；十二生肖鼠、牛、虎、兔、龙、蛇、马、羊、猴、鸡、狗、猪；传统文学包括唐诗、宋词、元曲、清小说、歌、赋、《诗经》、《三十六计》、《孙子兵法》、四大名著；传统节日包括元宵节、寒食节、重阳节、清明节、端午节、中秋节、腊八节、除夕、春节等；中国戏剧包括京剧、皮影戏、越剧、川剧、黄梅戏等；中国建筑有长城、牌坊、园林、寺院、钟、塔、石狮、民宅、庙宇、亭台楼阁、井、秦砖汉瓦、兵马俑等；汉字汉语包括汉字、汉语、对联、谜语（灯谜）、熟语、成语、歇后语、射覆、酒令等；传统中医学包括中医、中药、《本草纲目》、《黄帝内经》；宗教哲学包括佛、道、儒、阴阳、五行、罗盘、八卦、法宝、算命、禅宗、司南、佛教、观音，太上老君、烧香、拜佛等；民间工艺包括剪纸、风筝、中国织绣（刺绣等）、泥人面塑、中国结、龙凤纹样（饕餮纹、如意纹、雷纹、回纹、巴纹）、凤眼、祥云图案、千层底、檐、鹜；中华武术包括南拳北腿、武当、峨嵋、崆峒、少林、昆仑、点苍、华山、青城、嵩山；地域文化包括江南水乡、大漠风情、蒙古草原、塞北岭南、天涯海角、中原等；民风民俗包括礼节、丧葬（孝服、纸钱）、婚嫁（红娘、月老）、祭祀（祖）；衣冠服饰有汉服、唐装、老虎头鞋、旗袍、兜肚、绣花鞋、斗笠、帝王的皇冠、皇后的凤冠、丝绸；动物植物有龙、凤、狼、麒麟、虎、豹、鹤、龟、大熊猫、鸟笼、盆景、斗蛐蛐、鲤鱼、梅兰竹菊、松、柏、牡丹、桂花、莲花等；器物和饰物有玉、景泰蓝、中国漆器、瓷器、彩陶、紫砂壶、蜡染、古代兵器、青铜器、古玩、鼎、金元宝、如意、烛台、红灯笼、黄包车、鸟笼、长命锁、糖葫芦、铜镜、大花轿、水烟袋、鼻烟壶、芭蕉扇等；传说神话有女娲补天、后羿射日、嫦娥飞天、盘古开天地、夸父逐日……

在这些领域中，文化符号是数不胜数的，它们给娱乐文化空间提供了丰富的素材。

3. 再现中国传统文化符号

中国是一个具有悠久的符号学传统的国家，有着丰厚的符号文化资源，远在先秦时期，诸子著作中就有许多关于符号学的论述。

在中国传统文化中，不仅具有丰富而深刻的符号学思想，而且还有纷繁复杂的符号行为和实践，在一定程度上体现了某种符号学思想。

这些符号包括礼仪符号、汉字符号、易占符号、图腾符号、艺术符号、建筑符号等等。

当代的建筑几乎都是钢筋混凝土为主，有些楼层不高的厂房、卖场等采用钢结构，只有很少的农家乐等房屋采用传统的木结构。旧时用来承重受力的枋、檐、斗拱、梁、檩、椽、斜撑等构件，在现代建筑中已失去了它们的用武之地，娱乐文化空间中它们是作为装饰符号出现的，目的是传达中国传统文化。

门窗、隔扇等装饰件在娱乐文化空间中也作为装饰符号传达中国传统文化，当然门窗和隔扇在现代建筑中时常保留它们的使用功能。

当今材料的多样化，也给了传统的文化符号延伸的空间。如：传统的花饰、图案、图形等，运用不锈钢、石材、艺术玻璃等制作出来，为娱乐文化空间提供了一种新概念的文化符号。（B4-3-1～B4-3-4）

二、娱乐文化空间呈现西方文化符号

1. 西方建筑中的符号

（1）西方建筑空间的符号特征

由于中西方制度文化、性格特征的差异，使建筑空间的布局不同，与中国相反，西方建筑是院子包围房屋，以外部空间来包围建筑，以突出建筑的实体形象。别墅都建在空旷的地面上，没有围墙和院落，建筑的四周是整齐划一的花园，建筑广泛地使用柱廊、门窗，增加信息交流及透明度，体现了西方式的自由风尚。

西方建筑体是开放式的、单体的空间格局。建筑向高空发

B4-3-1 洗浴中心

B4-3-2 洗浴中心的进厅

B4-3-3 餐厅包间

展。由于要将建筑垂直叠加，而向上扩展需要大"体量"的建筑形体，使建筑形成巍然耸立、雄伟壮观的形体。

（2）西方建筑结构的符号特征

与中国建筑不同，西方建筑长期以石头为主体。不同的建筑材料、不同的建筑文化，使得中国与西方的建筑有了不同的艺术语言和艺术符号。不同的符号，表达着不同的文化思想，承载着不同的文化，流露着不同的情感，体现着不同的信念。西方的石制建筑特点和纵向发展，使得执行这一任务的柱子在建筑中尤为关键。柱子成为西方建筑的基本符号，就是那些垂直向上的、顶天立地的石制圆柱和方柱。屋顶是西方建筑里的另一个有代表性的符号，屋顶的变化导致了建筑风格类型上的差异，如希腊式、罗马式、拜占庭式、哥特式、巴洛克式等。

B4-3-4 传统的壁画在西餐厅里

西方建筑的门窗与中国建筑的门窗也截然不同，有方形的和拱形的。门窗由玻璃和线条组合而成，玻璃有白色的和琉璃的，线条是木作的、石材的和水泥的。建筑里还有雕塑、浮雕、壁炉等，也是作为西方文化的符号常出现在娱乐文化空间。

2. 西方文化中的符号

西方文化丰富而复杂，新颖而富有变化。大致包括古希腊罗马文化、中世纪文化、文艺复兴、宗教改革、科学革命、启蒙运动、法国大革命、工业革命、19世纪西方文化、20世纪西方文化等内容。在这些文化进程中，建筑也随它们经历着不同的阶段，时期不同形成了不同的文化风格，地方不同形成了不同的地方风格。

西方风格主要有宫廷风格、教堂风格、田园风格。宫廷风格的建筑一般都是对称的，讲究雍容华贵的气质，注重运用流畅的线条，体现华丽、尊贵的气度。宫廷风格有哥特式、文艺复兴式、巴洛克式、洛可可式、古典主义式等；教堂建筑以高、直、尖和具有强烈向上动势为特征的造型风格，教堂高大拱形穹顶、繁复的尖塔及彩绘玻璃窗体现着宗教寓意。教堂主要分为三种建筑风格：罗马式风格、哥特风格和巴洛克风格，此外还有拜占庭风格等。田园风格追求自然朴实、格调清婉惬意、雅致休闲的生活情趣。

B4-3-5 欧式风格的歌城

B4-3-6 壁灯是西方的符号

B4-3-9 西方风格的陈设

B4-3-7

B4-3-8

B4-3-7、B4-3-8 西方风格的餐厅

B4-3-10 黑白色和个性的造型

地方风格包括日本传统风格、印度传统风格、伊斯兰传统风格、北非城堡风格等等。在不同的娱乐文化空间主题里，需要用对应的文化符号体现文化内涵。在复杂的西方文化里，我们设计师必须了解西方文化，以便在设计时能准确地运用文化符号。(B4-3-5~B4-3-9)

三、娱乐文化空间呈现时尚文化符号

20世纪以来，在娱乐文化空间的表现形式和手段上追求标新立异，表现主观精神的符号来折射、隐喻人们的精神世界，它们以象征、变形和抽象的形式出现，表现人们的高兴、兴奋、愉悦、悲观、失落、狂热、烦躁、激动的情绪。这些抽象的符号展示现代人们的主观精神世界和现代观念意识。

1．娱乐文化空间的现代文化符号

现代风格摆脱了传统风格的形式，设计师在工业化社会的条件下，创造出具有理性形式和激进色彩的娱乐文化空间。现代风格更强调美学原则，注重视觉上的艺术性，追求功能、视觉艺术和材料技术的完美结合。现代风格的特征是：不对称的布局、光洁的白墙面、简单的细部处理、大小不一的玻璃运用、很少用或完全不用装饰线脚等等。在娱乐文化空间里，材料运用的完美，材料之间搭配的合理，别具匠心的光线处理，点、线、面、体的表现与夸张，色彩和尺度的个性传达……这些是现代简约风格的主要符号。

后现代风格是对纯理性风格的批判，它强调历史的延续性和人情味，又与传统的美学不同，后现代风格是把古典构件的符号混合、叠

加、错位、裂变等新的手法，运用到娱乐文化空间里，设置夸张、变形的柱式和断裂的拱券，还有局部采用藻井天棚、挂落、雀替等，与现代的钢结构、膜结构、驳结构玻璃、哑光不锈钢……为邻，和谐共处一室。传统的装饰符号传承着传统文化，现代的语言符号传达着现代思潮。(B4-3-10)

2. 娱乐文化空间的时尚文化符号

在经济社会里，工业技术发达，材料和施工技术达到了前所未有的尖端，如新型的材料层出不穷，施工技术更加新颖，高科技的光影技术广泛采用等。丰富的新型材料和施工工艺成为时尚的文化符号。它们代表了社会的进步和技术的先进，也代表了现代社会的工业特点和以商业突出的文化特点。如：钢结构是以钢材制作为主的结构，承重力强是主要的建筑结构类型之一。在娱乐文化空间除了用于承重结构，还时常暴露在外作为时尚的符号语言展现在顾客的视野里。有时不作任何处理直接呈现钢材的本色，有时喷上红色、黑色、白色、银灰色等作为装饰，体现现代人直接不隐藏的性格。钢结构包括工字钢、角钢、槽钢、矩管等。

近年来，驳接式玻璃在现代建筑中获得了广泛应用。在我国，20世纪80年代，玻璃幕墙兴起，当时蓝色、绿色、灰色等玻璃幕墙给城市增添了现代的气息，也给城市文化注入了新的活力。玻璃幕墙最初是明框式，后来是隐框式，到现在流行驳接式玻璃幕墙。驳接式玻璃幕墙是指上下两片玻璃通过驳接件连为一体，驳接式主要起连接上下左右玻璃的作用，驳接式又与主体钢柱连接。但是娱乐文化空间时常把驳接式玻璃作为符号用于室内设计中，它的作用主要不是玻璃的承重，而是装饰作用。(B4-3-11、B4-3-12)

第四节　娱乐文化空间氛围的烘托

娱乐文化空间是为客人提供一个轻松愉悦的休闲场所，人们对娱乐空间的认可很大程度上是选择娱乐空间的环境，选择一种快乐的生活方式、体验环境带来的惬意，在适合自己的环境里能轻松地交流，在环境中获得心理的感受，所以娱乐文化空间气氛的营造必须符合人们的审美需求，娱乐的空间气氛也在人们不断变化的需求中与时俱进。娱乐文化空间的气氛烘托有以下几种表现形式。

一、通过渲染的表现手法来烘托空间

通过对环境的渲染和造型的处理，表达某种象征意义的主题思想，使主题更加突出，引起人们的联想，从直观感受引入心灵的艺术境界。渲染是娱乐空间设计的一种重要的表现手法，对于突出的主题，通过渲染空间增加艺术的感染力。

1. 运用灯光来渲染空间

娱乐空间非常注重灯光的运用，用灯光来烘托和渲染空间的艺术氛围，特别是在酒吧、咖啡厅、游艺厅等场所，综合运用泛光灯、投光灯、射灯、光纤灯等灯具，能有效突出空间的不同主题。如：苯设计公司设计的韩国首尔市江南区清潭洞的"江南红酒铺"，把原来的葡萄园的乡村风格，用时尚的形式表达出来，运用灯光来渲染空间。酒柜里的葡萄酒在灯光的渲染下格外耀眼，把葡萄酒的味道都烘托了出来，这是对主体渲染的表现手法。酒吧的大厅，简洁的流程，就座区被黄色而亮丽的灯光把墙面渲染得晶莹剔透，让客人感受到葡萄的芳香和葡萄园的浪漫生活，有效地突出葡萄酒这个主题。(B4-4-1～B4-4-3)

B4-3-11 钢结构和钢化玻璃增加了入口空间，阳光也洒落在室内

B4-3-12 驳接式玻璃在室内空间广泛运用

B4-4-1

B4-4-2　　　　　　　B4-4-3

B4-4-4　　　　　　　B4-4-5

B4-4-7　　　　　　　B4-4-8

B4-4-6

二、通过对比的表现手法来烘托空间

对比的表现手法是利用事物间的反差来相互作用，通过陪衬来突出所要表现的主题思想，使主题更加突出而富有个性。

1．运用色彩的对比来烘托空间

关于色彩的运用和如何表达情感内涵，在前面有论述，这里不再重复。关于如何利用色彩的对比来烘托空间，举例子来分析。

如：英国设计师麦克·杨舍已设计的DJ星酒吧，他大胆地运用了绿色和红色的对比来烘托整个酒吧，红色的坐椅设计成圆形的，柔和而可爱，柔软而舒适，酒柜的陈列也采用了暖色的粉红，温馨而有个性，整个空间运用了绿色的色彩来烘托红色的主题，很有意思的是，所有的陪衬空间都弱化了它们的造型，柱式全部用圆角，阴角线被雾化，在整个空间里没有生硬的感觉，红色和绿色的对比都得到最大化地利用，得到了一个全新的视觉空间。

2．运用比例与尺度对比来烘托空间

比例是物体长、宽、高三个方向量度之间关系的问题。和谐的比例可以产生美感，夸张的尺度可以给视觉冲击感。怎样才能获得和谐的比例，我们可以通过一定的尺度关系来形成一个有个性的空间感受。

由CATEC设计公司设计并施工的"富川市NAD9影院"，入口采用了尺度之间的对比，黄色的顶棚压低了空间的尺度，与大面积的天棚形成落差，使空间突出。柱式也采用了上下大小不同的尺度，倒映在镜面的天棚上，让空间更加生动活泼。（B4-4-7、B4-4-8）

2．运用造型来渲染空间

造型是最有表现力的设计手段，娱乐空间之所以能给人们带来不同的感受，是因为不同的造型可以改变空间的形态和环境的气氛。如（株）中央建筑设计公司设计并施工的大邱广域东区新岩3洞的"宫殿香云（晕）洗浴中心"入口的天棚造型采用了落差造型变化来渲染空间，使平淡简洁的大厅充满了活力和流动的感受。（B4-4-4、B4-4-5）

3．运用陈设来渲染空间

陈设是指对空间中的各种物品的陈列与摆设，娱乐文化空间分为功能性陈设和装饰性陈设。功能性陈设，指具有一定实用价值的家具、灯具、织物、器皿等，但是它们在娱乐文化空间中只起传达文化内涵的作用。装饰性陈设，指以烘托气氛为主要目的和供顾客观赏的陈设。如纪念品、工艺品、雕塑、字画、植物等。它表达一定的思想、内涵和文化，与娱乐空间的主题氛围一致，并对环境的创新起画龙点睛的作用。（B4-4-6）

B4—4—9

3．运用节奏与韵律来烘托空间

节奏在娱乐空间里是一个很重要的设计概念，节奏的变化是依靠相同或者相似的形式，以色彩为单元，形成有规律的重复和组织，比如对称、反复、渐变等通过造型、方向、高低、远近、大小、左右的变化，在视觉上形成有韵律的节奏感，韵律让空间更具有感染力。

（1）运用有节奏的梯步产生的韵律来烘托空间

梯步在娱乐空间里不仅具有交通的作用，同时也被设计师当作一个重要的亮点来打造。比如利用梯步的造型，形成有节奏和韵律，让空间充满活力。（B4—4—9）

（2）运用有节奏的列柱产生的韵律来烘托空间

娱乐文化空间常设在框架建筑里，成排的柱子不可避免地存在空间中央。柱子常采用的处理是："消除"柱子，分割空间时把柱子处理在隔墙里；弱化柱子，把柱子处理在景点里；暴露和强化柱子，以列柱带给空间韵律感，选择这样的处理方法，要求空间层高，柱子数量多，并且柱子大小和间距基本相同，这样才能达到有节奏的效果。当然，有时在空间里没有土建的结构承重柱，为了在娱乐文化空间有列柱带来韵律感也有时人为地加柱子，这时柱子大小可以根据设计需要来定。（B4—4—10）

（3）运用有节奏的地面纹样产生的韵律来烘托空间

地面拼纹也可以传达文化内涵，比如用不同的花岗石、大理石、地砖等材料拼贴成不同的文化符号。同样，空间里利用有规律的出现相同的符号来延伸文化信息，产生的韵律也烘

B4—4—10

B4-4-11

托了空间。(B4-4-11)

　　（4）运用有节奏的陈列产生的韵律来烘托空间

　　在娱乐文化空间里，陈列品在烘托空间气氛、传达文化信息方面起了很重要的作用。我们可以用陈列带给空间有规律的韵律感，陈列的形式相同，陈列品的内容不同，这样可以既有韵律感，又有丰富的文化内容。(B4-4-12～B4-4-14)

B4-4-12　　　　　　　　　　B4-4-13　　　　　　　　　　B4-4-14

三、通过景点来点缀空间

景点是娱乐空间里的文化中心，是一种精神功能，强化着文化内涵，是娱乐文化空间里不可缺少的部分，也是设计的重点部分。

1. 运用文化符号来点缀空间

运用文化符号来点缀空间，是一种最直接传达文化主题的手法。以放大、缩小、弱化、强化的文化符号呈现在空间的景点里，配以适宜的灯光照射和别致的陈列方式，陈述着文化内涵。文化陈列符号在娱乐文化空间里，以耀眼的方式强化文化和烘托空间氛围。（B4-4-15~B4-4-18）

2. 运用细节来点缀空间

顾客对于娱乐文化空间要求很高，在这里，他们来购买娱乐项目、休闲时光、愉悦心情，同时还在这里品味生活、品味环境、品味服务……这时他们有较多的时间和心情来品味细节，包括空间的细节。娱乐空间必须带给顾客最贴心、最细致、最周到的享受，细节的处理是十分重要的。每一个细节的合理处理和精心设计，会使空间更精致、更完美……（B4-4-19~B4-4-26）

B4-4-15

B4-4-16

B4-4-17

B4-4-18

B4-4-19

B4-4-20

B4-4-21

B4-4-22

B4-4-23

B4—4—24	B4—4—25	B4—4—26

本章小结：

1. 主要概念与提示

（1）以休闲为主题的娱乐空间

今天的"洗浴"，"洗"的功能相对地淡化，而"浴"日益突出，大大丰富与扩展了它的内涵与外延。人们从洗浴中发掘出更多的休闲娱乐享受，特别是养颜保健的作用被强化。如中药浴、牛奶浴、SPA美体……浴室还结合行业特点引进了一些娱乐项目。洗浴包括温泉洗浴方式、芬兰浴洗浴方式、土耳其洗浴方式、天体温泉洗浴方式……

（2）主题会所

会所是伴随着社会经济发展而诞生的，是经济发展中时代的产物，体现了社会文明的进步和精神文化生活的需求。

住区会所——是住区人们思想与情感交流的地方，是住区建设不可缺的配套建设项目。会所设有茶楼、健身房、读书屋、餐厅、室内游泳池等。

商务会所——为广大的商务精英提供一个交流、结识、合作的平台。主要有商务人士，中小企业家……

健身会所——是以健身运动为主的会所。

（3）主题度假村

度假村是根据自然界天然的旅游资源而建成的。

温泉主题度假村——以温泉洗浴为主题的休闲度假酒店。

草原主题度假村——是依托于草原的蓝天、绿草、野花、辽阔的草原的土、空旷而恬静的牧场，娱乐项目有民族歌舞、骑马……

谷地主题度假村——是以山谷为主题，把自然形成的山地、山丘、山谷、山凹呈现出来，经过不同的自然现象来营造这一难得的谷底景观。

（4）以运动为主题的娱乐空间

休闲运动的娱乐空间主要给人们提供一个运动的场所。

全民运动为主题的城市运动公园——城市运动给居住在城市里的人们，以提供健身休闲的体育项目和增强国民的健康素质为目的，向大家展示一个城市的地方文化和健康理念。

漂流为主题的度假村——急流勇进是漂流的主题，体现了人们敢于挑战自然、挑战自己的勇敢精神。

沙滩运动为主题的度假村——是以沙滩运动和享受阳光为主要吸引人们的项目，结合其他的配套服务形成的度假酒店。

羽毛球运动为主题的俱乐部——是以羽毛球为主要活动内容的俱乐部。

网球运动为主题的俱乐部——是以网球为主要活动内容的俱乐部。

（5）以生态为主题的度假村

再现农村生活的农家乐生态度假村、以植物为主题的生态度假村、以动物为主题的生态度假村……

2. 基本思考题

分析中国传统文化符号、西方文化符号、现代文化符号各有何特点？

3. 综合训练题

（1）以第二、三章的基本训练题为基础，继续完善设计图；

（2）在确定设计图以后，选择一种三维图解表现方法做空间构想图与老师沟通；

（3）在确定设计图后，作出详细而完整的施工图。

后记

撰写这本书最大的困难，是如何把一个立体的空间体验转变成一部可以实用的基础知识，把一个个复杂而庞大的设计过程，提升为一套系统的设计方法，能够被设计者尽快掌握的应用资料。

近年来，商业空间设计一直让我们喜爱，不断激发我们学习和探索的欲望。在诸多的课题中让我们内心跳动最多、最强烈的还是餐饮和娱乐空间设计的文化主题。由于该课题是室内设计教学内容的重要课题之一，当前这方面可供学习和参考的教材和书籍很少，再加上一些同行和学生希望有一本这方面的学习书籍，是促使我们编写本书的初衷。经过 3 年的酝酿和构思，2 年的辛苦笔耕，终于完成了本书，现奉献给读者。

感谢本套丛书的编委们对我们的信任，把《商业空间设计》交给我们来完成，使本书成为我们不断学习和探讨的难忘经历。

在编写本书的过程中，要深深感激我的导师，国内著名艺术设计理论家李巍教授为本教材修正指导。在写作的过程中给了许多的指导和批评，最后审阅了书稿。

当我们需要忠告和建议的时候，是四川美院设计艺术系的郝大鹏教授、余强教授等给予了无私的帮助，与我们一起讨论和研究，此书才能顺利地完成。

还要感谢成都市卓引设计事务所董事长、四川师范学院设计艺术学院客座教师刘宇，她在百忙中停止了手上的一切设计活动，全身心投入，做了大量的辅助工作，帮我们整理书稿，查阅资料和配图工作，让本书更加完整。

本书选编了大量的国内外出版的优秀作品，在参考书目录中尽可能一一列出，以示尊重，还有一些无法联系到的专家和作者，在此我们向这些作者和出版社表示谢意。

刘蔓　　刘可

2009 年 3 月 27 日于四川美术学院

主要参考文献：

武峰,尤逸南.CAD室内设计施工图常用图块 1.北京:中国建筑工业出版社,2001

韩国建筑世界株式会社编．田华等译.健身·娱乐建筑.北京:中国建筑工业出版社,2009

戴力农.摩登中式:陈林室内设计事务所作品集.沈阳:辽宁科学技术出版社,2005

吴骏.都市食府.沈阳:辽宁科学技术出版社.2004

Benthan Ryder 编著．杜晓红,吕楠译.酒吧与俱乐部设计.沈阳:辽宁科学技术出版社,2002

刘圣辉摄影.亚洲风格餐厅.沈阳:辽宁科学技术出版社.2003

刘秉果.中国古代体育史话.成都:四川人民出版社,2007

王俊奇.中西方民俗体育文化.北京:北京体育大学出版社,2008

胡仁禄.休闲娱乐建筑设计.北京:中国建筑工业出版社,2001

韩光煦，韩燕.会所及环境设计.北京:中国美术学院出版社,2006

黄浏英.主题餐厅设计与管理.沈阳:辽宁科学技术出版社.2001

鲁开宏.休闲城市研究.北京:中国林业出版社,2008

刘圣辉，徐佳兆.风情餐吧.沈阳:辽宁科学技术出版社,2004

刘圣辉摄影，徐佳兆撰文.中式风格.沈阳:辽宁科学技术出版社,2002

(日本)MEISEI 出版公司编.现代建筑集成——观演建筑.沈阳:辽宁科学技术出版社,2000

刘圣辉摄影，徐佳兆撰文.北京中餐厅.沈阳:辽宁科学技术出版社,2003

刘圣辉摄影，悠悠撰文.京城风韵·2005北京最佳餐厅设计.沈阳:辽宁科学技术出版社,2005

韩国建筑世界株式会编.餐饮空间.大连:大连理工大学出版社，2002

奥罗拉·奎托.酒吧与餐馆.大连:大连理工大学出版社，2002

(美)马丁·M·佩格勒著．吴忠慧译.娱乐休闲空间.大连:大连理工大学出版社，2002

(西)汉那·牛顿著．林孟夏译.餐馆设计经典.福州:福建科学技术出版社,2002

催笑声.设计手绘表达.北京:中国水利水电出版社,2005

任百尊.中国食经.上海:上海文化出版社,1999

(美)朱丽叶·泰勒编著．杨玮娣译.主题酒吧设计.北京:中国轻工业出版社,2001

王红斌.上海餐馆设计.上海:上海科学普及出版社,2002

贝思出版有限公司汇编.消闲空间之西餐厅·酒吧.北京:中国计划出版社,2000

(美)佩格勒著．胡倩如等译.娱乐餐饮空间.南昌:江西科学技术出版社,2003

李叶飞.咖啡吧·餐厅.沈阳:辽宁科学技术出版社,2004

本书联合编写组.酒店餐厅设计装潢新潮.上海:上海科学普及出版社,1998

(西)卡勒斯·布鲁托编著．蒙小英译.俱乐部设计.贵阳:贵阳科技出版社,2007